图书在版编目(CIP)数据

谁污染了生命之水：水环境污染 / 燕子主编. --哈尔滨：哈尔滨工业大学出版社，2017.6
（科学不再可怕）
ISBN 978-7-5603-6290-8

Ⅰ. ①谁… Ⅱ. ①燕… Ⅲ. ①水污染 – 儿童读物 Ⅳ. ①X52-49

中国版本图书馆CIP数据核字（2016）第270716号

科学不再可怕

谁污染了生命之水——水环境污染

策划编辑	甄淼淼
责任编辑	王晓丹
文字编辑	张 萍　白 翎
装帧设计	麦田图文
美术设计	Suvi zhao　蓝图
出版发行	哈尔滨工业大学出版社
社　　址	哈尔滨市南岗区复华四道街10号　邮编150006
传　　真	0451-86414049
网　　址	http://hitpress.hit.edu.cn
印　　刷	哈尔滨市石桥印务有限公司
开　　本	710mm×1000mm 1/16　印张10　字数103千字
版　　次	2017年6月第1版　2017年6月第1次印刷
书　　号	ISBN 978-7-5603-6290-8
定　　价	28.80元

（如因印装质量问题影响阅读，我社负责调换）

引言

　　水是生命之源。此话一出,你是不是觉得卡克鲁亚博士又在这里老生常谈了?既然是众所周知的,那为什么还会有水污染的事情发生呢?

　　莱茵河,一个美丽的名字,一条美丽的河流。流经多个国家的它,不仅为当地的人们提供日常用水,也为这些国家之间的通航起着不可替代的作用。然而,污染却让这条美丽的河流一度成了欧洲的"下水道"。

　　在这个世界上,被污染的绝对不仅仅是莱茵河。仔细看看你的周围,江河湖泊还都干净吗?有没有人类的生活垃圾漂浮在其中?有没有造纸厂排出的黑褐色、飘散着恶臭的水进入到原本清澈的溪流?

　　从什么时候起,我们的生命之水,竟然变成了戕害人类和动植物的"毒药"?

　　你想知道为什么有些可爱的小猫,竟然会不堪病痛的折磨,最终跳海自杀吗?

　　那就请跟随卡克鲁亚博士,一起走进水的世界,来了解一下关于水污染的那些事,以及人们是如何治理水污染的吧!

震惊世界的怪病

跳海自杀的猫 1
新工业的诞生 2
严重的后果 5
奇怪的痛痛病 6
可怕的重金属 8

莱茵河事件之谜

诗一般的莱茵河 11
莱茵河污染事件 14

美妙旋律的不谐之音

蓝色多瑙河的动人旋律 17
金子带来的灾难 19
多瑙河之灾 21

目录

永不妥协—— 一部电影的启示

谁是埃琳·布罗克维奇 24
发现端倪 26
害人的六价铬 28

美丽的松花江

松花江上 32
松花江的传说 36
冰城哈尔滨 38
松花江水污染事件 42

水——生命的摇篮

无处不在的水 45
自来水是怎么来的 51

你可能不知道的水 53

蓝色星球

海的味道 56
探秘淡水家族 61

海洋的传说

太平洋的传说 64
擎天巨神之海——大西洋 66
红色海洋——印度洋 68
北极星下的北冰洋 70
奇幻海洋 72

缺水的"水球"

被"雪藏"的淡水资源 78

目录

严峻的淡水现状 80

那些污染水源的凶手

造纸厂污染 83
火电厂污染 85
关于热污染 88
洗衣粉也是污染物 90
赤潮之灾 92
强力杀手——农药 96

让海洋"窒息"的石油污染

海洋石油污染 100
石油污染对海洋的危害 101
那些可怕的石油污染事件 104
污染无小事 107

水体的自净能力

什么是水体的自净能力 109
水体自净的必要因素 112

收妖记——废水处理那些事

认识这些废水 115
重金属废水的处理 122

有始有终谈治理

关于赤潮的治理方法 125
人类能治理海洋石油污染吗 128

变污为净的污水处理厂

污水处理厂 130
污水处理厂是如何处理污水的 132

世界的"肚脐"——死海

死海名字的由来 136
死海奇迹——生物 138
淹不死人的死海 140
死海有趣,下者谨慎 142

为水而战

萨达特其人 144
一场以水为由的战争 146
战火 147

地球只有一个，
请爱护我们的绿色家园。

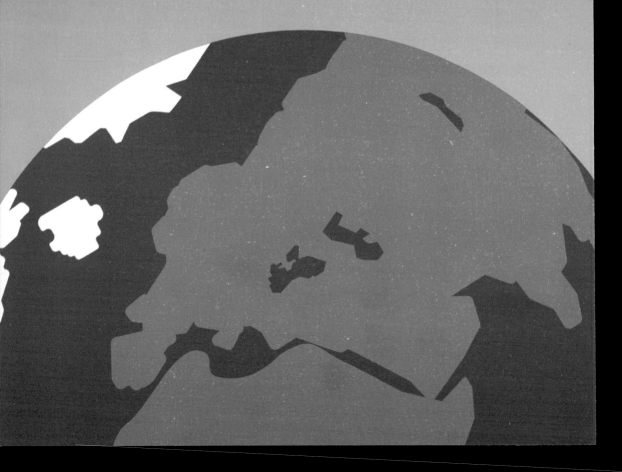

震惊世界的怪病

水俣(yǔ)湾位于日本熊本县。水俣湾及其外围的"不知火海"是由九州本土和天草诸岛围起来的一个美丽内海。这里有着丰富的海产,世世代代生活在这里的渔民靠捕鱼为生,虽然生活周而复始,但是这里的人们还是平静而安逸地生活着。

然而这种平静和安逸,却在1956年被打破了。

跳海自杀的猫

这里的猫竟然出现了跳海自杀的现象,而且还不是个别的猫。看到这里,你是不是有些狐疑,猫的这种行为太反常了,难不成有什么心理问题?

如果仅仅是跳海自杀,你还可以这么揣测,但是这些猫在自杀前,还出现了步态不稳、抽搐和麻痹等现象。因为那摇摇晃晃的样子看起来就像是在跳舞,人们便给猫的这种病症起了一个名字——猫舞蹈症。

事情如果仅仅发生在猫身上,或许这件事就只是个奇闻怪事罢了。然而没过多久,当地就有人出现了和患病的猫同样的症状。患者由于中枢神经受到严重侵害,出现了口齿不清、步履蹒跚等症状,面部也表现出痴呆的样子。随着手足麻痹和感觉系统出现障碍,事情变得越来越严重,患者的眼睛也看不见了,手足开始畸形,甚至精神失常。有些人一直酣睡,有些人则精神亢奋,弯曲着身体不停地高声乱叫,一直到死去。

因为很多人得了这种怪病死去,当地一下陷入了一片凄惨的恐慌中。

人们想知道这到底是什么病,然而在当时,却没人能解释,也不知道究竟是什么原因引起了这种怪病。

新工业的诞生

进入 20 世纪后,全世界范围内的很多国家都开始了新工业的发展。自从明治维新之后,日本的新兴工业快速发展起来。从 1925 年开始,就在熊本县的水俣湾附近建起了氮肥厂,之后又建起了合成醋酸厂。

这些还仅仅是开始。二战之后,日本经历了一段战败后的挣扎,进入了经济复苏期,各种工业飞速发展。1949 年,建在水俣湾附近的工厂又开始了新产品的生产——氯乙烯。之后,产量还在不断地提高着,到了 1956 年,氯乙烯的年产量已经超过 6 000 吨了。

有了这些工厂,就会有排污现象。此刻,聪明的你大概已经在心里有所怀疑了,会不会是这些工厂把污染物排放到了水俣湾呢?

当时的人们并没有意识到排放污染物有什么麻烦,而且在当时,生产氮的企业也的确属于很先进的化工行业,经济回报非常高。

日本的氮产业兴起于1906年,而随着化肥需求量的不断增大,这一产业更是飞速发展。在日本,甚至有"氮的历史就是日本化学工业的历史"这样的说法,而且日本当时的经济增长也的确是"在以氮为首的化学工业的支撑下完成的"。然而让所有人没有想到的是,正是这个了不起的先驱产业,却让生活在工厂附近的人陷入了万劫不复的境地。

为什么氮的生产会带来这样严重的后果呢?原因就在于氮用于生产醋酸乙烯和氯乙烯等工业制品,所以它们也属于氮工业制品。在制造氯乙烯和醋酸乙烯的过程中要加入催化剂,而这种催化剂中含有汞。汞

是个可怕的东西,俗称水银,有剧毒!

在这些工厂排放的废水中含有大量的汞,而这些汞被水里的生物吃了之后,就会转化成一种叫作甲基汞的剧毒物质,仅仅一个小米粒大小,就能让人死亡。

当时,水俣湾附近的工厂由于不断生产氮,废水不断地排入海湾,导致海湾中甲基汞的含量已经达到了足以两次毒死当时全日本人口的毒量。

由于海湾里的鱼虾被汞污染,当人们食用了这些鱼虾后,甲基汞就被肠胃吸收,进入人体,侵害人的大脑和其他器官。而脑部里

的甲基汞会让患者脑萎缩,并侵害神经细胞,破坏掌握身体平衡的小脑和知觉系统。据统计,当时有数十万人因为食用了来自水俣湾的鱼虾而导致中毒。

卡克鲁亚笔记

汞,俗称水银。我们日常使用的温度计中,可以上下浮动的银白色金属物质就是汞。这是一种剧毒的重金属,有较强的挥发性。汞对生物的毒性不仅源自浓度,还和它的化学形态以及生物本身的特征有关。有研究显示,汞在海洋中是通过海洋生物的皮肤或者鳃进入体内的。

严重的后果

这种水俣病不仅直接侵害人体,还能影响下一代。也就是说,如果孕妇吃了含有甲基汞的海产品,就有可能生下同样患有此病的婴儿!

即便是看上去没病的母亲,也可能会生下运动和语言方面都有障碍的孩子,这些孩子的症状看上去很接近小儿麻痹症。

汞是一种重金属,从这些就可以看出来,重金属对于环境的污染,的确是件非常可怕的事情。

环境科学家们认为,这些重金属的污染就如同一颗定时炸弹,随时有跳出来搞破坏的危险,如在缺氧的情况下,一些厌氧生物就

能把无机金属给甲基化。

而近海地区的工厂在生产过程中,无节制地排放大量污染物,会让一些港湾和近岸的污染沉积物的吸附容量趋于饱和,随时可能引爆化学污染这颗"定时炸弹"。

奇怪的痛痛病

还是在日本,只不过这次不是发生在靠海的地方,而是发生在位于中部地区的富山平原。这里有一条叫作神通川的河流经过,最后注入富士湾。这条河不仅为两岸的人们提供饮用水,同样也灌溉着庄稼,为这里的丰收提供着保障,让这里成了日本最主要的粮食产地之一。

然而忽然有一天,这条曾经世世代代为两岸百姓忠心服务的河流,却突然背叛了这里的人,变成了一条索命之河。

20世纪初,这里的人们忽然发现原本生机勃勃的水稻不再茁壮。更严重的是到了1931年,这里的很多人患上了一种奇怪的疾病,腰部、手部和脚部的关节疼痛,而且几年之后,全身各部位都会出现神经痛、骨痛,连行动都成了一件很艰难的事情,呼吸也变得越来越痛苦,到了患病的后期,患者的骨骼也都软化并萎缩了,而且四肢弯曲,脊柱变形,骨质疏松到就连咳嗽一下都可能引起骨折的地步。

你能想象咳嗽一下就会骨折,是一种怎样的感受吗?

那种疼痛是令人难以忍受的,因此患者时常痛苦地叫嚷——疼死了!甚至有人因为无法再忍受这种痛苦而自杀。

这到底是一种什么病呢?

因为得这种病的患者实在太疼了,人们就把这种病叫作痛痛病,或者骨癌病。这种怪病一直困扰着当地人。从1946年到1960年,日本医学界的研究人员从临床、病理,到流行病学以及动物实验和分析化学等领域,在经过长期研究后终于发现,这种痛痛病实际是镉(Cd)中毒。

镉?哪里来的?

原来这个可怕的家伙就来自神通川上游的神冈矿山,那里从19世纪80年代起,就成为日本铝矿、锌矿的生产基地。长期以来矿产企业一直将没有处理的废水排入神通川,而这种废水里就含有镉,水源就这样被镉污染了。

"元凶"确定后,1961年,这里成立了"富山县地方特殊病对策委员会",开始对镉中毒以及因此患病的情况展开调查和研究。从

1968年开始,患者及其家属开始对相关企业提出民事诉讼,到1971年,法院宣判原告获胜。之后,被告不服上诉,再审维持原判。

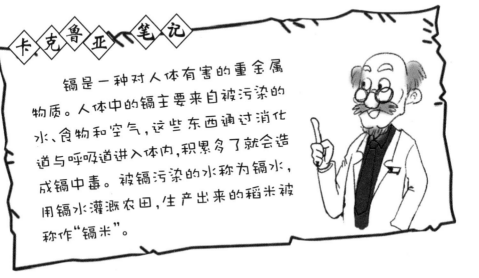

卡克鲁正笔记

镉是一种对人体有害的重金属物质。人体中的镉主要来自被污染的水、食物和空气,这些东西通过消化道与呼吸道进入体内,积累多了就会造成镉中毒。被镉污染的水称为镉水,用镉水灌溉农田,生产出来的稻米被称作"镉米"。

可怕的重金属

重金属就是指密度在 $4.5g/cm^3$ 以上的金属。原子序数从 23(V) 至 92(U) 的 60 种天然金属元素,除其中的 6 种外,另外 54 种的相对密度都大于 $4.5g/cm^3$,因此从相对密度的意义上讲,这 54 种金属都是重金属。

在进行元素分类时,有的属于稀土金属,有的划归了难熔金属。而最终在工业上被真正划入重金属的仅有 10 种——铜、铅、锌、锡、镍、钴、锑、汞、镉和铋。

重金属积累后对人体危害很大,这些物质有可能存在于空气中、土壤中,甚至水中。

当汞进入人体后,会直接沉积在肝脏,并对大脑神经产生巨大的破坏。一升水中含0.01毫克汞,就会引起人严重中毒。而长期饮用含有微量汞的饮用水,也会引起蓄积性中毒。

当人体摄入镉后,会造成四肢麻木,精神异常。镉就是刚刚提到的痛痛病的元凶,而且还会导致高血压,引起心血管疾病和肾功能失调。

铅一旦进入人体,就很难排出,直接伤害人的脑细胞,特别是对胎儿的伤害巨大,有可能造成智力低下。而对老年人则可能造成痴呆、脑死亡等。

顺便说一句,那个街道边还偶尔会见到的、能发出"嘭"一声巨响的手摇爆米花机,在生产爆米花的过程中,就会产生铅。

至于钴,你是否知道它能对皮肤造成放射性损伤?

钒能对人的心、肺造成伤害,导致胆固醇代谢异常;锑能让银首饰变成砖红色,并对皮肤有放射性损伤;铊可能引发多发性神经

炎；锰如果超量，会使人甲状腺功能亢进……这些重金属对人体都有着很大的威胁。

从环境污染方面来看，主要指的是汞、镉、铅、铬等重金属以及类金属砷等。这些重金属在水中是不能被分解的，所以一旦人饮用了被这些物质污染过的水，后果非常严重。

这些污染物主要来自工业排放的废气、废水、废渣以及废料。另外，汽车尾气中也包含这些物质。农业上使用的农药和化肥等，也能释放这类物质。

如果它们进入山川河流和大海，就会污染水源。

牛奶中富含蛋白质，可与铅、汞联合形成不溶物，而其中所含的钙还可阻止重金属的吸收，所以对于急性铅、汞中毒能起到急救作用。茶叶中的鞣酸可与铅形成可溶性复合物随尿排出；海带中的碘质也能促进铅的排出。另外，大蒜和葱头中的硫化物也能化解铅的毒性。

莱茵河事件之谜

作为西欧第一大河的莱茵河,发源于瑞士境内的阿尔卑斯山北麓,流经列支敦士登、奥地利、法国、德国和荷兰,后在鹿特丹附近注入北海。

全长1232公里的莱茵河之所以著名,是因为它的美丽和迷人,特别是绵延65公里的莱茵河河谷、沿途的古堡、葡萄园……这里曾经发生过众多历史事件,曾为无数作家、画家和音乐家提供了灵感。

然而在20世纪中期,这里却遭受了一系列的严重污染事件……

诗一般的莱茵河

在200多年前,莱茵河的美丽风光就吸引了无数诗人和思想家来到这里,并为它奉献出无数诗篇。丰富的文化,为原本就美丽的风景平添了传奇和浪漫。

在莱茵河两岸,至今仍保留着50多座城堡和宫殿的遗址,每

座城堡都有着它们自己的名称,并拥有一段古老的故事。这些迷人的古老城堡,吸引了来自世界各地的游客。

位于莱茵河上游瑞士北部与德国交界的地方,还有着宽达110米的莱茵河瀑布。从宾根到德国波恩的中游这一段,有着幽深曲折的峡谷,不仅景色壮丽,还拥有关于莱茵河的许多古老的传说。

莱茵河处处风光旖旎。如果非要选出最美的一段,那一定是位于德国境内的中游河谷。从德国的美因茨到科布伦茨,这里的河道蜿蜒曲折,河水清澈见底。当人们泛舟而上,两岸都是层次有序的碧绿葡萄园,还有一座座以桁架建筑而引人注目的小城,50多座古堡、宫殿遗址掩映在青山绿水之中。

此时,倘若有人给你讲起这其中的美丽传说,你的心一定会随着多姿多彩的莱茵美景而陶醉吧!

这时候,如果你对过去的浪漫时代有所了解,或许你会想起19

世纪英国伟大的风景画家、印象派先锋威廉·特耐尔带着素描本从科隆一路画到美因茨的情景,你是不是会想:"我现在看到的景色,是否和他眼中的景色一样呢?"

你是否会想到,就在你路过的某处,大诗人海涅笔下的女妖罗蕾莱在对你窥视呢?或许这个美丽的罗蕾莱,正准备用她那甜美的歌声让你为她着迷呢!

莱茵河不仅风景优美,而且全年有着充沛的水量,因此拥有886公里的黄金航道。再加上四通八达的运河,就构成了一个运力极强的水运网。特别是在鲁尔河和利珀河之间,通过4条人工开凿的运河和74个河港与莱茵河连成一体,可以让7 000吨的海轮由此直达北海。更绝的是,这里的航道就像公路一样,每隔一定距离,就会有一块里程碑,上面标注着公里数。

不仅如此,莱茵河还流经欧洲的很多主要工业区。德国著名的

卡克鲁亚笔记

莱茵河上有一个叫"鼠塔"的信号塔,指引着来往船只的航行,而与信号塔隔河相望的,则是享有"红葡萄酒之乡"美誉的阿斯曼斯豪森市。据说"鼠塔"是公元前8年的时候,由罗马元帅德路威斯修建的关税塔。相传在10世纪,美因茨主教哈托二世不顾百姓疾苦,把大量粮食藏在"鼠塔"中。最终,愤怒的百姓将他禁锢在塔中,主教最终成为老鼠的美餐。

鲁尔工业区就在它的支流鲁尔河和利珀河之间。莱茵河以它充沛的水量,在为鲁尔工业区提供运输条件的同时,还保证了鲁尔工业区的工业用水。正是这一便利的运输条件,才让大批铁矿砂和其他矿物原料源源不断地从国外运到这里。这里的货运量一直位居世界前列。

莱茵河无疑是世界诸河流中了不起的商业运输大动脉。

莱茵河污染事件

如此美丽的莱茵河,令人心驰神往。不过,当你听到"工业发达"这个短语的那一刻,是否已经料到我马上就要说出"污染"两个字了?

还真让你猜对了。

从20世纪中叶,随着工业的高速发展,莱茵河一度成为欧洲最大的"下水道"。仅仅在德国这段,就有大约300家工厂,不断地将大量的酸、染料、铜、镉、汞、去污剂、杀虫剂等足有上千种污染物倾入河中。此外,轮船排出的废油、两岸居民倒入的污水和废渣,还有附近农场的化肥和农药……这些倾倒进河水中的东西,让水质遭到了严重的污染。

美丽的莱茵河就这样被玷污、被摧残了。

再不治理,莱茵河从此再无迷人和美丽可言。

沿岸各国也都意识到了污染的严重性,开始对莱茵河的污

谁污染了生命之水

染进行治理。然而一个突发事件,却让刚刚开始的治污行动遭到了重创。

那是在1986年的11月1日,位于莱茵河上游的瑞士巴塞尔的桑多斯化工厂,仓库突然失火,这场火灾让近30吨硫化物和磷化物,还有为了扑灭大火所用的灭火剂溶液一起随着水流注入河道。

这真是一场灾难!河里大批的鳗鱼、鳟鱼和水鸭子等生物死亡,而下游160公里内,约有60万条鱼也被毒死了。

真是一场悲剧啊!

不仅河里的生物遭了殃,就连井水也被污染,不能饮用,这一范围达到了480公里。沿河的许多自来水厂不得不关闭,还有很多世界驰名的啤酒厂,也因此而"停摆"。

这次灾难,让已经投入300多亿马克的莱茵河治理工程前功尽弃。

事故发生的时候,警报一直传向下游瑞士、德国、法国、荷兰四国的沿岸城市,因为自来水厂全部关闭,不得不改用汽车向居民定量供水。此次遭受损失最大的国家莫过于德国了,因为莱茵河在德国境内长达865公里,也是德国最重要的河流。而接近入海口的荷兰,为避免遭受更大损失,将与莱茵河相通的河闸全部关闭。

当时,西方国家的一些报纸,甚至将此次事件与印度博帕尔毒气泄漏事件、乌克兰切尔诺贝利核电站爆炸事件相提并论。

1986年火灾后,桑多斯公司承认共有1 246吨化学品随灭火用水流入莱茵河,其中包括杀虫剂824吨、除草剂71吨、除菌剂39吨、溶剂4吨和有机汞12吨等,在河上形成了长约7公里的微红色"毒物飘带",向下游漂浮而去。第二天,化工厂用塑料塞堵住下水道,而8天后,塞子在水的压力下脱落,几十吨有毒物质再次流入莱茵河。

美妙旋律的不谐之音

约翰·施特劳斯那首著名的圆舞曲《蓝色多瑙河》，让多瑙河的大名响彻世界。那优美的旋律，让人对多瑙河充满了遐想。

因为欧洲国家的国土面积都不是很大，所以多瑙河就成了世界上流经国家最多的河流。

蓝色多瑙河的动人旋律

多瑙河全长2 850千米，流经德国、奥地利、斯洛伐克、匈牙利、克罗地亚、塞尔维亚、罗马尼亚、保加利亚、摩尔多瓦、乌克兰，最后流入黑海。

多瑙河流经多个国家，因此其干流成为自由通航的国际航道。而丰沛的水量，也为流经的国家提供了生活和工农业用水。

多瑙河两岸有着众多名城。匈牙利首都布达佩斯就有"多瑙河上的明珠"的美誉，多瑙河是布达佩斯的灵魂，而布达佩斯则是匈牙利的骄傲。

布达佩斯是由位于多瑙河东西两岸的两座城市——布达和佩斯组成的。两座城市通过多瑙河上的八座桥,被连成一体。

这是一座古老的城市,城内有许多古迹建在城堡山上。城堡山是临近多瑙河的一片海拔160米的高岗,这里有很多保存完好的13世纪城堡,其中颇具盛名的渔人堡是一座尖塔式建筑,简练的结构凸显出古朴素雅的风格。站在这里的围墙上,多瑙河的美景和佩斯的风光尽收眼底。

坐落在多瑙河和萨瓦河交汇处的塞尔维亚首都贝尔格莱德,有着"白色之城"之意。波光粼粼的多瑙河穿城而过,把美丽的贝尔格莱德一分为二。

有着"世界音乐名城"美名的奥地利首都维也纳,更是名声显赫。这里山清水秀,风景宜人,郁郁葱葱的维也纳森林在城市的西郊延伸开来。

谁污染了生命之水

漫步在维也纳街头,总能听到优美的华尔兹舞曲,一座座著名音乐家的雕塑,更是彰显着"音乐名城"不可撼动的地位。城市里的很多街道、公园、剧院,甚至议会厅,都是用音乐家的名字来命名的。

美丽的城市,著名的音乐家,还有那么多名曲……你是不是由衷地感觉到——这个城市,真了不起!而多瑙河简直就是以圆舞曲的旋律在流动呢!

卡克鲁亚笔记

多瑙河除了为其流域内的各国供给用水外,还向流域外引水,如多瑙—美因—莱茵大运河。在通航之外,多瑙河还引水15亿立方米到德国的纽伦堡。流经多个国家的多瑙河,因为很多流段水流落差巨大,自然也是发电的动力。从理论上计算,多瑙河的电力蕴藏量高达500亿千瓦时。

金子带来的灾难

2000年1月末,罗马尼亚的北部边境遭受了大雨袭击,持续的大雨让奥拉迪亚市附近的河流水位暴涨。当地有一座叫乌鲁尔的金矿,提炼金子之后产生的氰化物废水就储存在水库中。

听到氰化物,你是不是已经感觉到危险了?

可是当时负责的官员却没有这样的担忧,因为河流的堤岸以及大小水库的堤坝都非常牢固。然而让他们没想到的是,雨下得太大,时间也太长了,水库水位暴涨,水终于溢出!

第二天黎明,这座废水大坝内的水面上,一片白花花,全是死鱼。更为严重的问题是,氰化物废水已经向下游流去了。值班人员惊恐地向有关部门报告,然而一切都晚了,氰化物废水随着雨水流入河里,冲进了匈牙利境内的蒂萨河,污染了匈牙利境内的水源。匈牙利政府在惊恐中急忙对河流取样化验,发现蒂萨河的氰化物含量已经超出正常700倍!

这简直就成了一条"毒河"了!

这样大的毒性,河里的鱼根本无法生存,往日生机勃勃的蒂萨河,现在却被死鱼覆盖着整个河面。有些河段因为死鱼太多,甚至堵塞了河道,连打捞船都开不动。尽管大家都戴着口罩,但即便是

距离河岸很远,也能闻到一股恶臭。

在此之前,蒂萨河是匈牙利境内水产最丰富的河流,两岸的人多以捕鱼为生。

现在,这些渔民彻底断了生路。悲伤的人们把小白花投入河中,以示哀悼。

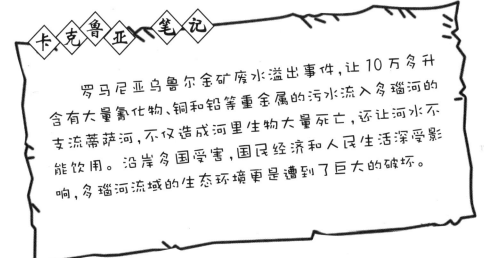

卡克鲁亚笔记

罗马尼亚乌鲁尔金矿废水溢出事件,让10万多升含有大量氰化物、铜和铅等重金属的污水流入多瑙河的支流蒂萨河,不仅造成河里生物大量死亡,还让河水不能饮用。沿岸多国受害,国民经济和人民生活深受影响,多瑙河流域的生态环境更是遭到了巨大的破坏。

多瑙河之灾

随着蒂萨河滚滚而下的剧毒物质,经过前南斯拉夫境内,随后侵入了多瑙河。多瑙河是一条国际性河流,这次的污染事件虽然在一个国家发生,但是却影响了多个国家,沿岸居民遭受到极其沉重的打击。

因为欧洲的地理特性,不仅多瑙河是国际性河流,蒂萨河同样也算是国际性河流。污染事件发生后,蒂萨河以及支流的鱼类死亡

数达到了80%。罗马尼亚、匈牙利和前南斯拉夫等三国政府都宣布，蒂萨河沿岸地区进入紧急状态。

当时一些专家评估这次氰化物泄漏对蒂萨河和多瑙河的污染事件，是欧洲半个世纪以来遭遇的第二次最严重的环境灾难。

原本的生命之水，现如今却成了死亡之水。蒂萨河从前南斯拉夫北部一直向南，直逼塞尔维亚首都贝尔格莱德。河里的生命，小到水藻，大到鲢鱼，统统没有逃过死亡的命运。人们陷入一片恐慌之中。

而在距离贝尔格莱德北部约50千米的地方，正是蒂萨河汇入多瑙河的地方。随后，多瑙河直奔贝尔格莱德而去。

几百年来，多瑙河一直为这座城市提供着用水，可以说是多瑙河孕育了贝尔格莱德这座美丽的城市，然而现在，多瑙河却成了一种威胁。

虽然多瑙河绕城而过，但是直到3月初，对城市的威胁依旧存在。

距离贝尔格莱德90多千米的贝塞奇大坝,由于堆积了大量死鱼,阻塞了闸门,阻碍河水下泄,如果不能改变这种状况,水位就会继续上涨,堤坝就会承受不住。

如果大坝坍塌了,后果真是不堪设想!

除了设法打捞死鱼,为了避免二次污染,政府还要求沿河的餐馆不能卖鱼类菜品。

据生物学家估计,这次的氰化物废水侵入蒂萨河、多瑙河的事件,导致生态系统被严重破坏,几年时间内是很难恢复的。

当时的罗马尼亚不仅经历了一场严重的环境灾难,还因为对他国造成的损害,而必须面临众多国际方面的问题。

永不妥协——一部电影的启示

2001年3月25日,美国加州的好莱坞神圣大礼堂座无虚席,第73届奥斯卡金像奖颁奖典礼正在举行。当颁奖嘉宾宣布茱莉娅·罗伯茨因出演《永不妥协》而获得最佳女主角奖时,全场掌声雷动。

你是不是有些疑惑,在这里聊电影未免有点跑题了吧?这个嘛……接着看就知道了。

谁是埃琳·布罗克维奇

尽管标题如此神秘,但是很简单,这就是电影《永不妥协》的女主人公的名字,同时也是这部电影的英文名字。

顺便说一句,美国人给电影起名字与中国人不同,片名并不一定非要有什么寓意。不管电影内容如何,他们总是随便起一个名字,不知道是不是因为他们太懒了,经常直接把主人公的名字当电影名使用。在他们看来,这既简单,又很正常,而当我们把这些电影引进来的时候,总是喜欢按照电影的意义另取一个名字。你可以说这是多此一举,但是倘若全都是人名,依照中国人的习惯,自然会感觉——怎么这么多传记片啊?

其实,《永不妥协》这个名字起得倒是蛮有意义的。特别是看过电影后,觉得这个名字远比直接叫《埃琳·布罗克维奇》更震撼。

没有看过这部片子的人,也会想看看到底为什么"永不妥协"吧?

这部时长131分钟的电影,讲述了一位生活在社会底层的年轻单身母亲埃琳,独自带着三个孩子生活,别说她没什么法律背景了,连学历都没有。原本就一贫如洗的她在一次交通事故后,又丢了工作,简直就是走投无路了。

想想埃琳的处境吧,三个等着吃饭的幼小孩子。无奈之下,埃琳只好"恳求"自己的律师雇用自己,说恳求还真是好听,当时她的

样子,就是"讹"上这个律师雇用自己。

严格地讲,尽管埃琳很漂亮,但她似乎并不讨人喜欢。艰难的生活让她的个性变得相当泼辣,张嘴就是粗口,而且衣着也很"随便"。

说这些可没有任何贬低她的意思。你们可以试想一下,律师事务所里的女性都穿着职业装,而埃琳则坚决不肯那么穿,或许你说她是买不起,可是到了后来,她能买得起的时候,依旧还是我行我素。

这样的行为和这样的形象,在那样的工作环境中是不会受人待见的。不过正所谓"人不可貌相,海水不可斗量"。别看埃琳貌似没有修养,但是她却有着一颗善良而坚强的心。

发现端倪

在律师事务所工作的时候,埃琳在一大堆文件中偶然发现了一些十分可疑的医药单据,于是她对自己原本的律师——现在的老板埃德提出要对此展开调查。埃德当时也只是顺口答应了,他应该也是对埃琳很无可奈何的吧!那一大堆文件也似乎是故意丢给埃琳,好让她有点事儿干。

于是埃琳带着最小的、当时才几个月大的孩子,开始了漫长而艰苦,甚至危险的调查活动。当调查稍有进展时,她回到律师事务所,想向老板埃德汇报情况,却发现她竟然被炒鱿鱼了。

谁污染了生命之水

这没什么可意外的,就是因为埃德原本也没把埃琳说的事看得有多重要,后来发现她竟然好多天没来上班,自然就把她解雇了。

埃琳当然是大发脾气,这就是她的个性嘛!

当老板埃德看过埃琳的初步调查报告之后,意识到埃琳是发现"金矿"了。别误会,这只是个比喻,和宝藏没有半点关系。对律师事务所而言,一个了不起的大案子无异于一个"金矿"。于是在埃德的支持下,埃琳继续展开调查。

现在你是不是有点好奇了,究竟是什么情况?到底埃琳发现了什么呢?

给你讲一个小细节。当埃琳带着孩子跑到一个蓄水池取样的时候,还要四下观望,看看是否有人看到她的行为。取到水样后被人发现,她抱着孩子,拿着水样,撒腿就跑。

27

再给你讲一个细节。当埃琳到一个受害者家庭调查,给这家的女主人讲述了真实情况后,女主人大惊失色,慌忙跑到院子里,把正在水坑里玩耍的孩子抱出来,但为时已晚,因为这些可怜的孩子从一出生,就是在"毒水"里长大的。

到底是什么样的水,让排放这些水的单位如临大敌般地严防死守?这些水里到底有什么,让听到真相的人们感到恐惧?

害人的六价铬

埃琳在被污染的水中发现了让人闻之变色的物质——铬。

铬是一种质极硬、耐腐蚀的银白色金属,熔点在1 857℃左右,化合价为+2、+3和+6,即所谓的二价铬、三价铬和六价铬。

先说明一下,并不是所有的铬都有毒性,有毒的是三价铬和六价铬。三价铬和六价铬具有强氧化性,很容易穿入生物膜起作用。而二价铬在皮肤表层就和蛋白质结合,形成稳定的配合物,所以不会引起生物效应。

引起埃琳注意的是一个叫辛克利的小镇上竟然癌症高发,而附近的水源里就含有六价铬。这些六价铬是美国西岸的大企业之一——太平洋燃气电力公司排出的。这家公司为防止天然气压缩机在冷却过程中生锈,在冷却水中注入了六价铬。而这些含有六价铬的污水被直接储存于池塘中,这就导致地下水被严重污染,小镇居民也因此备受恶疾折磨。

谁污染了生命之水

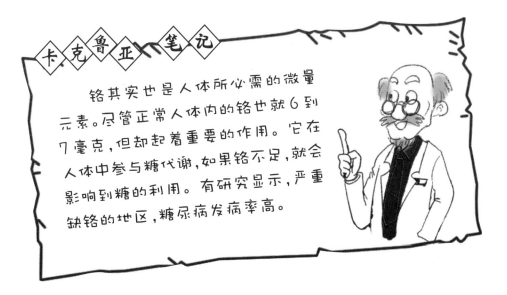

卡克鲁亚笔记

铬其实也是人体所必需的微量元素。尽管正常人体内的铬也就6到7毫克,但却起着重要的作用。它在人体中参与糖代谢,如果铬不足,就会影响到糖的利用。有研究显示,严重缺铬的地区,糖尿病发病率高。

在埃琳发现此事之前,小镇上的居民并不知道究竟是什么原因导致孕妇频繁流产,以及这里为什么会变成癌症高发区。开始的时候,他们甚至对埃琳的结论表示怀疑,但最终被埃琳的执着和责任感打动,大家团结在一起,参与到这场诉讼中。

太平洋燃气电力公司恩威并施,毕竟埃德这家不大的律师事务所拥有的法律资源不能和大公司相提并论,但是埃琳和埃德他们还是坚持住了,并最终打赢了这场官司,而且创造了美国历史上同类民事案件的赔偿金额之最——3.33亿美元。

影片中的埃琳还真是一个可爱、直率的女性,到最后,当埃德给她一张支票,表示是她的酬劳的时候,她以为埃德又在忽悠她,气得直发飙。但当埃德示意她好好看看支票上的"0"时,她吃惊地欢呼起来。

茱莉娅·罗伯茨把埃琳这个角色塑造得有血有肉,所以在2001

29

年的第73届奥斯卡金像奖还没揭晓之前,她的得奖呼声就已经很高了,所以这也是意料之中的事。

这部电影源自真人真事,有一个叫埃琳·布罗克维奇的女性,帮助辛克利小镇的居民打赢了这场创下民事案件赔偿纪录的官司。

顺便说一句,美国的律师费用是很昂贵的,如果官司赢了,律师或者律师事务所会从赔偿金额中按比例获得报酬。影片中的埃琳曾是一个连电话费都交不起,带着三个孩子生活的单亲妈妈,靠着她的善良、率真和顽强的毅力,在帮助别人的同时,也获得了个人的成功。

近年来的医学表明,缺铬会导致青少年近视眼的发生。铬元素在体内与球蛋白结合,为球蛋白正常代谢所必需。而青少年正处于旺盛的生长发育期,对铬的需求也比成人大。倘若体内缺铬,会导致眼睛晶体渗透压变化,产生近视。过于精细的食物中铬含量会很低,所以饮食方面要注意粗细搭配。

卡克鲁亚笔记

《快乐的大脚》是一部非常有趣的动画电影。长着一双大脚的帝企鹅波波出生在一个擅长唱歌的族群中,可它偏偏是一个五音不全的异类。后来,波波遇到了新朋友,并且发现自己其实是个舞蹈天才。波波不明白,为什么企鹅的食物越来越少?小伙伴头上的塑料袋究竟是什么东西?追逐一艘大船后,它才发现这一切竟然都是人类造成的……

谁污染了生命之水

你不知道的

铬虽然是人体必需品，但过量摄入还是会造成中毒。再次声明一下，对身体有益的不是六价铬！六价铬无论多少都是有害的，它可能造成遗传性基因缺陷，也可能导致罹患癌症。直接接触六价铬更危险，会导致皮肤病，呼吸道疾病，眼、耳、胃肠，甚至全身性中毒。总之要牢记，六价铬是个危险的家伙！

美丽的松花江

在中国的东北地区,松花江是一条非常有名的江,也是中国的七大河流之一,同时还是黑龙江的最大支流。

隋朝的时候,松花江被称作难河,到了唐朝被称为那水,辽代和金代的时候被称作鸭子河和混同江,而清朝时则被称为混同江和松花江。

松花江流经吉林和黑龙江两省,流域面积达到了约54.55万平方千米,涵盖了黑龙江、吉林、辽宁和内蒙古自治区四个省市自治区。

一曲"松花江上波连波,浪花里飞出欢乐的歌……"更是唱出了松花江畔的名城——哈尔滨的美丽。

松花江上

松花江流域东西长约920千米,南北宽约1 070千米,流域面积约为54.55万平方千米。松花江有南北两个源头,南部源头为第二松花江,而北面的源头就是嫩江。

松花江南部源头即长白山主峰的白头山天池,海拔高度为2 194米,天池里流出的水被称为二道白河,这里也被习惯作为第二松花江的正源。

嫩江发源于大兴安岭的支脉伊勒呼里山中段的南侧,源头是南瓮河,河源的海拔高度为1 030米。河水向东南方向流过约172千米之后,在第十二站林场附近和二根河汇合,此段之后便被称为嫩江。

第二松花江和嫩江在吉林省扶余县境内的三岔河附近汇合后,便正式成为松花江。松花江的干流一直向东流去,并在同江附近由左岸注入黑龙江。

如果以嫩江为源头计算,松花江的总长为2 309千米。如果以第二松花江为源头计算,松花江的长度就是1 956千米。

在松花江的流域范围内,原始森林密布,有大兴安岭和小兴安岭,还有长白山等山脉,是中国面积最大的森林地区。这里矿产丰富,除了煤以外,还有金矿、铜矿和铁矿等。

这里还有着肥沃的土地,盛产大豆、玉米、小麦和水稻等农作物,亚麻、棉花、苹果和甜菜等也品质优良。松花江还是一个大淡水渔场,从鲤鱼到鲫鱼,还有鳇鱼和哲罗鱼等,都是人们餐桌上的美味。

冬季的松花江上,气候严寒,零下30°C在这里根本就不是什么稀罕事,江水结冰期长达5个月左右。不过,有一个地方却例外,那就是丰满水电站附近。即便是冬季,那里的江面也不断地冒出一团团蒸汽,沿岸的树上挂满了一簇簇、一串串冰花,这就是著名的雾凇。

说起雾凇这一自然现象,就不得不提到吉林市的雾凇奇观。每到雾凇来临之际,吉林松花江岸的十里长堤,真如唐代诗人岑参那句"忽如一夜春风来,千树万树梨花开"一样。谁说松树不"开花"?雾凇就能让松树上结满各式各样的洁白"花朵",那景象就如同人间仙境一般。

冰灯和雪雕更是松花江沿岸城市的一大盛景。这里的冰灯制作历史悠久,早在清代,就有关于冰灯的记载。那时候是没有电的,人们在由冰制成的灯罩里点上蜡烛。寒冷并没有让人们沉寂,相反,人们利用寒冷给自己创造出简单而有趣的生活。

如今的冰灯,早已是当年无法比拟的华丽和精制。每到冬天,来自世界各地的游客涌向东北,特别是有着冰城之称的哈尔滨,来观

谁污染了生命之水

卡克鲁亚笔记

雾凇就是我们俗称的树挂。它既不是冰,也不是雪,而是由于雾中无数0°C以下、尚未凝华的水蒸气随风在树枝等物体上不断地积聚冻粘而形成的自然奇观,为白色不透明的粒状结构沉积物。雾凇形成需要很低的气温,而且必须水汽充分。这两个看起来相互矛盾的条件缺一不可,所以雾凇并不是冷的地方就一定有的一种景象。

看冰灯和各式各样的雪雕。当然,在这里还可以滑冰、滑雪。

松花江不仅为生活在这里的人们提供了各种水产品,还滋养了这片肥沃的黑土地,为人们提供了丰富的农产品。

松花江的传说

松花江,听起来很美的一个名字。可是你要问了,松树明明就是不开花的,那么这江怎么就用了"松花"做名字呢?

每座山都会有一个传说,每条江也会有一个传说,这些传说都饱含着人们心中的美好愿望,松花江也是如此。

据说在很久以前,在黑龙江这片土地上,有山有水,林木茂盛。那时候,大兴安岭和长白山相连,纵横交错的江河湖泊直通大海。在众多的江河湖泊中,有一个无论冬夏都开满莲花的大湖——莲花湖。湖里的莲花盛开不谢,在荷叶的下面,还生活着各种鱼类和蛤蜊,而每一个蛤蜊壳里都有一颗夜明珠。每到夜晚,湖里霞光万道,景象真是绚丽迷人。

忽然有一天,这样一个美好的地方来了一条捣乱的小白龙,搞得荷花也谢了,鱼也没了,蛤蜊也不再张嘴让人看到夜晚的绚丽了,一湖清水从此成为一潭死水。小白龙一发脾气,还弄得洪水泛滥,方圆几百里内都遭了殃。

这么折腾还了得?小白龙的行为传到了东海龙王那里,老龙王很生气,派黑翅黑鳞的大黑龙来降服小白龙。

这条大黑龙太想显示自己的威猛和实力了,一路上电闪雷鸣,结果这小白龙知道有对手来收拾它,干脆吃饱喝足躲起来了,任凭大黑龙在外面寻找,它就是不出来!直到大黑龙折腾累了,小白龙才猛地蹿出来,轻松地把大黑龙击败了。

谁污染了生命之水

第二次交手,大黑龙吸取了上次失败的教训,干脆潜入江底,来个"潜艇式进攻"。可是它那黑色的身体,无论游到哪里,都把江水搅得一片黑,还是被小白龙发现了,大黑龙还是被打败了。

大黑龙知道自己失败的原因,可是怎样才能把自己那黑色的身体掩藏好呢?那时候的松树原本是开花的,夏天来了,地面上布满了松树的花朵,到处都是一片洁白,很多花还落在了水面上。这一景象让大黑龙受到了启发,它决定借松花来完成打败小白龙的任务。

大黑龙来到长白山和大兴安岭,一通蛟龙摆尾,将松花打落一地,又来一通龙卷风,把这些松花撒满江面,江水立刻变成了白茫茫的一片。在松花的掩饰下,大黑龙终于顺利接近小白龙,大战了三天三夜,将小白龙降服了。

只可惜当时没有把小白龙锁牢,结果小白龙逃掉了。小白龙一

路逃窜,最终逃到了兴凯湖,而大黑龙则把所有的江河汇成了三条大江,也就是现在的黑龙江、乌苏里江和松花江。黑龙江就是人们为了纪念大黑龙所取的名字。因为大黑龙借走了所有的松花,松树也就不再开花了。为了纪念松花的贡献,就有了松花江这个名字。

你是不是要问了,那个莲花湖呢?传说从大黑龙打败小白龙之后,这里的水也越来越少,最后形成了一个半月形的五大连池。而大兴安岭和长白山也就此分开,一座在南边,一座在北边。

冰城哈尔滨

哈尔滨有着很多别名,除了"冰城",还有"天鹅项下的珍珠""东方小巴黎"和"东方莫斯科"的美誉。

从后两个绰号里不难看出,这是一个充满"洋味儿"的城市。但为什么会有一个"天鹅项下的珍珠"的称号呢?

打开地图,仔细看看黑龙江省的形状,你就会发现它非常像一只飞翔的天鹅。于是作为黑龙江省的省会,美丽的哈尔滨就有了这样一个美丽的绰号。

即便不说哈尔滨有多美,只要一句"松花江穿城而过",你就应该能感受到这是一座美丽的城市了。

说到这里,你是不是觉得卡克鲁亚博士有点偏心,为什么有江穿过就是美丽的城市了呢?

如果你这么想,那你身边要么有一条江或者河,早已习以为

谁污染了生命之水

常,忘了欣赏它的美;要么就是你从来都没有看见过这样的城市,也就无法欣赏到有水穿城而过的景色。

夏天,松花江上船只往来,岸边还有人在钓鱼。特别是岸上布满了各式各样充满异域风情的洋房,身在其中,自然有种别样的情怀。

在松花江江南这一侧的沿岸林荫道被叫作斯大林公园,著名的中央大街街口靠江边一侧矗立着防洪纪念塔。

走在中央大街那用石头铺成的路面上,享受着内心的惬意和慵懒。如果你没来过哈尔滨,没见过这种街道,那就想想你看过的有关伦敦和巴黎的影片,马车行驶在石头道上发出阵阵"嗒嗒"声……这样的场景,在老哈尔滨的时代,天天都能看到。

现如今,一切都是现代化的,但是中央大街这段石头铺成的道路,却作为一个城市的象征,被完整地保留了下来。

在这石头铺成的道路的两旁,则是各种充满"洋味儿"的建筑。你可不要以为这些都是后来模仿的"假

货",这些建筑确实是当年白俄或犹太人建造的,所以它们都是真迹,现在已经属于保护建筑了。举几个例子,你就能对哈尔滨的建筑的"洋味儿"有所感受了。

建成于1923年的中央大街57号建筑,原为哈尔滨犹太国民银行。砖混结构,文艺复兴建筑风格。墙体仿石块砌筑处理,一层采用落地窗,二层为竖向圆拱状窄窗。

建于20世纪初的中央大街187号建筑,原为俄国商人伊·雅·秋林开办的秋林商行道里分行。砖木结构,仿文艺复兴建筑风格。

始建于1916年,于1918年竣工的中央大街120号建筑,原为日本商人水上俊比左开办的松浦洋行。砖混结构,仿巴洛克式建筑风格。

建于1902年的上游街23号建筑,原为犹太人侨民会。砖木结构,以古典主义为主的折中主义建筑风格。

在中央大街上,几乎所有的建筑都有着100年左右的历史,即便是在中央大街两边的附属街道上,这样的建筑也比比皆是。走在这里,随便抬头一看,就能看到这些建筑上注明着各种建筑风格的保护铭牌。

就拿始建于1906年的马迭尔宾馆来说,通过窗户、阳台、女儿墙以及穹顶等建筑手法,无不让人感受到它的建筑魅力所在。

这座建筑里曾经发生过很多传奇故事,其中发生在1933年8月24日的"西蒙·凯斯普绑架案",又称"马迭尔绑架案",更是震惊世界。被绑架者就是当时马迭尔饭店主人的儿子。关于这段故事,早已有很多人将其作为传奇来讲,这里就不多说了。

哈尔滨的春天,满城丁香抢尽了风头;而冬天的冰雪,更让整座城市在银装素裹中显得分外妖娆。

走在寒冬里华灯初上的中央大街,周围是五彩缤纷的冰灯,人们吐着哈气,吃着冰棍和糖葫芦,有没有冰雪童话的感觉呢?

松花江水污染事件

介绍了这么多和松花江、哈尔滨有关的事情,熟悉卡克鲁亚博士套路的你,肯定想到,要来转折话题了吧!

没人想讲煞风景的话,但是现实却总让美好蒙上尘埃。

2005年的11月13日,吉林石化公司双苯厂的一个车间发生了爆炸事故,造成6人死亡,将近70人受伤!

一个"石化"加一个"双苯厂",这样的爆炸事故,聪明的你一定马上意识到污染来了。

你猜得一点儿都没错。爆炸发生后,大约有100吨苯类物质流入松花江,江水被严重污染。松花江沿岸的居民都是靠江水生活的,这样的污染怎么可能不影响到沿岸居民的生活呢?

吉林石化公司位于吉林市松花江段上游,被污染的江水势必要流过哈尔滨,那么哈尔滨市人民的生活和生产用水怎么办呢?

凡是知道这个地理常识,以及了解苯是怎么回事的哈尔滨人,马上意识到了问题的严重性。

2005年11月21日,哈尔滨市政府宣布全市停水四天。一些市民对停水产生疑惑。市政府很快发布公告,向市民说明了由于上游工厂爆炸,导致松花江被污染的事实,并动员市民积极储水。有少数不良商家趁机涨价,或者囤积矿泉水。由于政府处理及时、得当,很快就刹住了少数不良商家的涨价行为,随着足够的矿泉水不断地调入哈尔滨市,那些囤积居奇,想大捞一笔的商家的如意算盘也

谁污染了生命之水

成了一场空。

你是不是又在想,爆炸不是13号发生的吗?这都21号了……

你是不是忘记了一点,水流过来还需要一段时间呢!在市政府的及时告知下,市民们家家储备了很多水。加上超市里从未断货的矿泉水,人们安心地度过了停水的那几天。

当然,市政府并不仅仅告知市民,还立刻对自来水厂进行了一系列的改进工作,加大了自来水厂的净化能力。

你可别以为卡克鲁亚博士是凭空想象说出这些夸赞的话,因为这一事件发生的时候,老博士正好就在哈尔滨。这一事件在国内好像还没那么大的反响,但是远在国外的博士的同行,竟然有好几个打电话来关心博士是否有水喝。

原来这个消息都已经传遍世界了。不过,博士很骄傲地说:"没事儿,锅碗瓢盆,就连浴缸都是满的!"超市里有足够的矿泉水,依旧和平时一个价钱。政府还会每天派人来居民

区里送水,这些水或者是地下水,或者是从远方调运过来的……这些场景,到现在想起来还历历在目。

在这次松花江水污染事件中,哈尔滨人上上下下都做得很好,但是还是让我们对污染有了一次深刻的认识。这样的事件就应该被杜绝。

水对人们的生活太重要了,任何的水污染,不管是有意的倾倒,还是无意的事故,都是对人和自然的极不负责的行为。如此美丽的松花江,怎么能允许它被污染呢?当然,不只是松花江,任何一条河流,任何一个湖泊和大海,都不应该被污染。

水——生命的摇篮

水是什么?大概你会很不屑地说,这谁不知道呀!这个世界上的人,有谁没见过水呢?

水,的确是太为人所熟悉的一样东西了。它由两个氢原子和一个氧原子组成,也就是H_2O。水通常的样子,就是一种无色、无味的液体。烧开的水有100°C。在0°C度以下,它可以结成固体状态,也就是俗称的冰。另外,水还可以以气态的形式存在。

是的,你真的对水非常熟悉,也知道它很重要,但是你知道它到底有多重要吗?

无处不在的水

全世界范围内,从古至今,人类对水都有着别样的感情。从中国古代五行中的金、木、水、火、土,到古希腊四元素说中的土、气、水、火,这些折射着古人朴素唯物主义的观点中,无不把水列为组成世界的物质之一,可见水的重要性,无须有人提醒,大家

也都知道。

据说生命就是从水中起源的,谁也无法否认,自从有人类以来,人类对于水的依赖就已经开始了。哪一个古代文明不是依水而建的呢?想想太阳系的八大行星,只有地球才有足够多的水,可以孕育出生命,并且滋养生命的壮大和发展,谁敢说水不重要呢?

水和生命

随便看看我们周围的植物,伸手摸一下,你就会感到这些绿色的生命中饱含着水分。植物中所含的水分占其总质量的80%,而一般蔬菜中所含的水分,可以占90%到95%。生活在水里的植物,就更加了不得了,水分可以占到98%以上。

水在替植物输送养分,参与光合作用,保持植物身体不被太阳灼伤的同时,也让植物的生命拥有一个饱满的姿态。

尽管你知道植物和农作物的生长离不开水,但你知道吗?生产1公斤玉米,约使用368公斤水来浇灌。生产1公斤小麦,约使用513公斤水。生产1公斤棉花,则约使

谁污染了生命之水

用648公斤的水。水稻就更不用说了,因为它的特殊生长过程,生产1公斤大米,大约需要1吨水!

没有了水,这些就都没有了。就连博士酷爱的咖啡、面包也没有了……

因为这些全部来源于植物。

再看看我们人类。表面上看,我们是血肉之躯,但实际上,我们身体中的水分占到了体重的65%。听起来,人类怎么好像是水做的

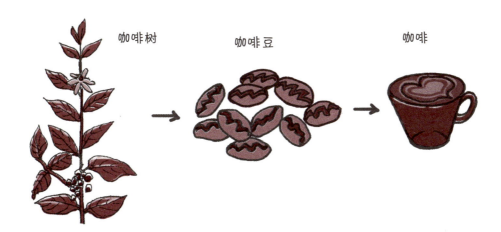

咖啡树　　咖啡豆　　咖啡

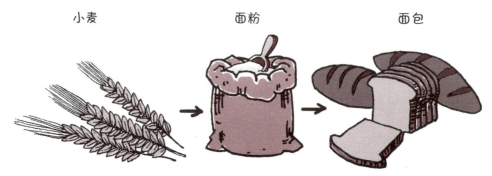

小麦　　　　　　面粉　　　　　　面包

似的？此刻是不是觉得曹雪芹在《红楼梦》中说女人是水做的这话太片面了？他应该说人都是水做的才对嘛！

瞧瞧人体内水的分布,脑髓里含水75%,血液里含水83%,肌肉里含水76%,甚至连骨骼里也含水22%。

怎么样？水是生命之源这话,一点也不为过吧！

倘若人体里没有这些水分,我们吃进去的食物就不可能被吸收,而废物也无法排出体外。人体在缺水1%至2%的时候,就会感到口渴。如果缺水到5%,不仅口干舌燥,皮肤起皱,而且会意识不清,甚至幻视。

想想就可怕,这才5%呀,如果继续缺水呢？

如果人体缺水达到15%,就会进入心跳急促且失忆的状态,而且意识很快就会消失。如果缺水20%,人就会晕倒。因为每个人的体质不同,所以人不吃东西,最长大约能活3周,但是倘若不喝水,最多3天就会面临死亡的威胁！

水和生产

生命离不开水,生产也离不开水。农业生产就更不用多说了,

谁污染了生命之水

毕竟农产品都是由植物而来的。

工业生产中,无论是制造、加工、制冷,还是净化、洗涤,都离不开水,所以水还被誉为"工业的血液"。

就拿炼钢来说吧!在炼钢的过程中,需要靠水来降温,而钢锭在轧成钢材时,要用水冷却。想想钢铁烧得通红的样子,那该是多高的温度啊,没有水的冷却和降温,且不说工艺问题,那么热的一个家伙,把它放哪儿呢?另外,高炉转炉还要靠水来收集烟尘。

纸是我们再熟悉不过的东西了。虽然成形的纸张看起来很怕水,但是在造纸的过程中,是绝对离不开水的。尽管我国有规定,每造1吨纸,最高用水量不能超过60吨,但是据统计,因各个造纸厂的技术不同,很多造纸厂的用水量都达到了100吨,甚至达到200吨。

想想这个比例,再看看你手中的书。如果你是个好奇的人,是不是会称一下这本书的重量,然后计算一下需要用多少水才能造出这本书所用的纸张呢?

有什么事物是可以离开水的呢?

电,在日常生活中似乎和水格格不入,但是在发电的过程中也离不开水。且不说水电站,即便是火力发电厂,也需要大量的冷却用水来帮忙。

我们更为熟悉的食品加工业,更是离不开水。什么和面、蒸馏、煮沸,还有腌制和发酵,光听这些词,就知道它们都和水有着密切的关系。

还有一些可以入口的东西,从形态上就是一种液体,是水的化身。例如你喜欢喝的各种饮料,妈妈做菜用的酱油和醋,还有爸爸喜欢喝的啤酒等,随便一看,就是一大堆和水有关的东西。

小麦　　　发酵　　　啤酒

自来水是怎么来的

我们打开水龙头,就会有水哗哗地流出来,停水的时候除外哦!你知道自来水是怎么来的吗?你一定也很好奇吧?那就赶快跟随卡克鲁亚博士去自来水厂参观一下吧,在那里你会知道答案的。

▶第一站:水库

许多城市的用水就来源于这里。这是水净化系统的第一个环节。水库旁边会种植一些常绿植物,如松树,这是为了阻挡灰尘。水库旁边还要设立防护网,阻止无关人员进入,防止水污染。

水库外面一般是没有人居住的,如果有人居住,要确保居民排放的污水不进入水库,那就是巡逻员的工作了。

▶第二站:沉淀池

这主要是初步过滤系统。这里放了很多明矾,明矾形成胶状的东西可以把灰尘和泥土牢牢地粘住。如果你不小心误入其中,我想也会被牢牢地粘住哦!

▶第三站:过滤池

上一站虽然粘住了一些灰尘和沙子,但那些杂质,也就是比较小的沙子和砾石却趁其不备逃了出来,这里就是用来收拾这些狡猾的家伙的,直到它们老老实实地待在水底,真是天网恢恢,疏而不漏啊!

▶第四站:储水罐

水从过滤池直接来到了储水罐,中间通过了含氯的管道。氯俗称漂白剂,它的作用是杀死水中的细菌,这样我们才能喝到健康、纯净的水。我想化学老师一定教过你,HCL属于弱酸,不但可以杀菌,还可以防止蛀牙。

▶第五站:居民家

被过滤的水从储水罐中通过地下输水管来到的最后一站就是居民家,只

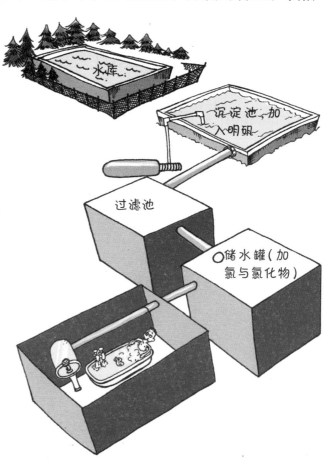

要你打开水龙头,就会看到清澈、纯净的水了。

你可能不知道的水

关于水,你应该了解很多了,现在来看看一些和水有关,但你却未必了解的事吧!

水的硬度

别误会,这里可不是要讲冰,这里要说的有"硬度"的水,就是指平常会流动的那种水。

对于我们再熟悉不过的水,如果用"硬"来形容,是不是感觉特别不匹配?那个能流动的水;那个原本没有固定形态,把它装在什么形状的容器里,就是什么形状的水;那个入口后可以轻松下咽的水,怎么可能和"硬"联系在一起呢?别说现实中的水有多么柔和了,就连文学作品中形容温柔,都会用到"柔情似水"这样的字眼。这样的水,真的无法和"硬"联系在一起。

嘿嘿,你还真别怀疑,这水呀,还真有"硬度"这么一说。

通俗地说,水的硬度是指钙离子和镁离子沉淀肥皂的能力。水的总硬度就是指水中钙离子和镁离子的总浓度,其中包括碳酸盐硬度和非碳酸盐硬度。

碳酸盐硬度,就是指水中的钙离子和镁离子加热后,能以碳酸盐的形式沉淀下来,这又叫暂时硬度。而非碳酸盐硬度,则是说水中的钙离子和镁离子加热后,不会沉淀下来的那部分,也被叫作永久硬度。

说完这些,聪明的你大概已经知道了,既然有"硬",那么肯定就有"软"了。怎么区分硬水和软水呢?那就要看这水里到底含有多少钙和镁的化合物了。

如何在不进化学实验室的情况下,就知道这水是硬水还是软水呢?很简单,在平时的生活中,肥皂就可以鉴别出来。办法就是将肥皂水倒入要测试的水中,然后不断地摇晃,如果产生的泡沫多、浮渣少,那就是软水。如果情况相反,就说明水质比较硬。

硬水虽然对人体并没有很大的危害性,但还是会给你的生活添一些小麻烦,比如我们经常在烧水的水壶中看到一些水垢。而且硬水和肥皂的反应,也会降低洗涤效果。长期用硬水洗头或洗澡,会导致发质变差、皮肤干燥等状况。而用硬水洗涤纯棉衣物或毛巾,会让这些东西的颜色变得黯淡,质地也变得僵硬,不再柔软。

大多数人认为,每天喝8杯水(2 000cc)有益健康,而国外一些医学研究部门指出:每天喝这么多水反而会给身体带来麻烦。

谁污染了生命之水

你不知道的

普通的水有软、硬之分,另外,还有一种特别的水,被称为重水。重水实际是氘和氧组成的化合物,尽管它的样子看起来跟普通的水很相似,但因为重水的分子量要高出普通水的分子量约11%,所以被叫作重水,它的沸点和冰点都比普通水高。

蓝色星球

如果你能飞上太空，当你回首遥望人类的老家——地球时，你会发现地球竟然是蓝色的！假如你是一个来自外太空的访客，当你看到这样一个漂亮的星球，会不由自主地呼唤它为——蓝色星球。

为什么地球会是蓝色的呢？原因很简单，那是因为海洋的面积占据了地球的大部分。

海的味道

之所以在太空中看到的地球呈现出美丽的蔚蓝色，那全都是海洋的功劳。地球的表面积约为5.11亿平方千米，而陆地面积约为1.49亿平方千米。现在我们来看看海洋的面积吧，竟然约有3.62亿平方千米！也就是说，海洋约占据了地球表面积的71%。

即便我们生活在陆地上，也能感受到陆地的广袤，然而跟海洋相比，陆地还真是"小兄弟"了。

如此巨大的海洋面积，才会让你在太空遥望地球的时候，深刻

地感受到地球竟然是个"水球"!

这个"水球"上的水由两个大家族组成,即淡水家族和咸水家族。这两个家族的数量比例非常悬殊,淡水量不到3%,其余97%都是咸水。

探秘咸水家族

地球上的咸水有两种存在形式,一种是海洋里的水,另一种是咸水湖里的水。咸水中的氯化钠成分较高,氯化钠就是我们俗称的盐。由于咸水中含有大量盐分和其他一些化学物质,因此咸水的味道又咸又苦,所以不能直接饮用。

数量如此庞大的咸水竟然不能直接饮用,听起来是不是有点可惜?

也许你会问,海水是咸的,但是海水中含有大量人体所需的多种元素,为什么不能饮用呢？我们平时也会饮用盐水,这和咸水又有什么区别呢？

这个问题提得很好,下面就给你们讲讲这件事。

尽管海水中含有多种人体所需的元素,但由于其水质差,且物质浓度太高,如含有高浓度的钠、镁、钙、碳酸根、锂、溴等成分,这些都远远超过了人体所能接受的标准,如果这些元素过量进入人体,会危害人类的健康,甚至会导致中毒。

至于是什么原因导致中毒,让我们来看看几个具体的数据。

由于海水中所含的盐分过高,导致人体要排出100克海水中所含的盐分,就要排出150克左右的水。你明白了吗？这个比例等于渴的时候喝海水,会越喝越渴！海水喝得越多,人体内要排出的水分就越多,这样的结果只能导致人最后因为脱水而死亡。

倘若不幸在海上遇难,等待救援的时候,要想节约使用淡水,在短时间内,可以将部分海水和淡水混合饮用。当然,我们期望大家都不会遇到什么海难,平平安安的,最好还是不要尝到海水的味道,除了你在海里游泳的时候无意间喝到的。

海水淡化

随着地球人口的不断增加,特别是有些淡水资源缺乏,周围又全是大海的国家和地区,为了获得更多的淡水,人们开始通过科技手段降低海水里的盐的含量,来供人类饮用,以缓解淡水缺乏的危机,这就是所谓的"海水淡化"。

海水淡化就是通过给海水脱盐来获得淡水。现在,全球已经拥有超过20多种海水淡化技术,主要有蒸馏法、冻结法、反渗透法、电渗析法和太阳能法等。而从大的分类上来看,最主要的两种方法就是蒸馏法和反渗透法。

蒸馏法是最古老的海水淡化方法,也是被应用最多的方法,其过程也就是水蒸气形成的过程。

这点应该不难理解,海洋蒸发到空气中的水分,最后形成了雨,再落下来。这个雨可不是咸的哦!

蒸馏实验

方法1.把盐水放在锅里熬煮,用一个器皿收集蒸发出来的水蒸气,让其再变回到液体形态。这个水并不是咸的,而最后当锅里的水分熬煮蒸发完毕后,你会看到锅里剩下的就是盐。

方法2.如果实在没有可以收集水蒸气的器皿,那就用一个最简单的办法,在水蒸气上方放一个凉家伙,让水蒸气遇冷凝结成水滴,你再尝尝那水滴是不是咸的。

这是一个非常简单的实验,但却说明了利用蒸馏法从海水中获取淡水的原理。

反渗透法

说完了蒸馏法,让我们再来了解一下什么是反渗透法。反渗透法其实就是一种膜分离淡化法。将海水和淡水分开,需要利用一种只允许溶剂通过,不允许溶质通过的半透膜来完成这项任务。这种方法从1953年才开始采用。

过程是这样的,一般情况下,淡水会通过半透膜扩散到海水的一侧,让海水一侧的液体表面升高,直到一定高度才会停止,这就叫"渗透"。这时候,如果对海水一侧施加大于海水渗透压的外压,海水中的纯水就会反渗透到淡水中。

反渗透法最大的优点就在于它的节能性,能耗仅为蒸馏法的1/40,这就让很多国家先后把海水淡化的发展重心转向了反渗透法。

卡克鲁亚笔记

人类利用太阳能进行海水淡化,已经有150年的历史了,主要是通过利用太阳能进行蒸馏的方式。早期的太阳能海水淡化装置就被称作太阳能蒸馏器。由于这种方式无污染,获得淡水的纯度又高,且构造简单,取材方便,因此至今仍然被广泛使用。

谁污染了生命之水

🔬 探秘淡水家族

说了这么多关于咸水家族的事,我们再来看看淡水家族的情况。

所谓淡水,就是指每升含盐量少于 0.5 克的水。听明白了吗?淡水并不一定是完全不含盐的,而是含盐量必须在一个限度以下。

淡水主要包括地表淡水、地下淡水和淡化海水,而人类正常生活可以饮用的水都是淡水。

地表水

地表水也被称为陆地水。它与气候有着密切关系,主要是自然降水累积形成,并流入海洋、蒸发或渗入到地下。

地表水包括河流水、湖泊水、冰川、沼泽等,是人们生活用水的主要来源之一。而其中,河流和湖泊的分布较广,因此也成为人类

主要开发和利用的地表水资源,这部分水资源往往受到降水、地形、地质和土壤等因素的影响。

尽管冰川含有大量的淡水,但覆盖面积最广的极地冰川和冰盖都难以被大量开采和使用,只有中低纬度的高山冰川可以利用。高山冰川好比是一座"固体水库",它们的冰雪融水对河流起着非常重要的补给作用。

地表水因为循环性、有限性及分布不均等因素的影响,导致水量受到极大的限制,对人类的生产生活也有着很大影响。

面对地表水自身的约束性,人类当然不会坐以待毙。从古至今,人类都在积极地想办法来解决这些问题,例如通过兴建水库来增加存水量、调蓄水源、补给生活用水、进行农业灌溉,或者作为工业用水等。

地下水

地下水就是贮存于地面以下的地层空隙的水,也是水资源的

重要组成部分。地下水按含水层的性质,可分为岩石孔隙水、裂隙水和溶洞水。

地下水的优点是水质好,水量也很稳定,是居民用水、农业灌溉及工业生产用水的重要来源之一。

对于地下水的应用,最为我们所熟悉的大概就是打井取水了,即找到地下水的位置进行挖掘,最后获取水源。

和对待地表水一样,人类也要合理利用和保护地下水,否则会引起滑坡和地面沉陷等有害现象的发生。

海洋的传说

你知道海洋究竟是什么意思吗?

严格地讲,"海"是地球上那些广阔水体的边缘,而靠中心的部分则是"洋"。"海"和"洋"连在一起,就组成了浩瀚无边的海洋。

地球上的海洋面积有3.6亿多平方千米,足足是陆地面积的两倍还要多。现在就让我们来看一看,这些让我们的地球看起来如同一个蓝色星球般的海洋,都有哪些有趣的故事吧!

太平洋的传说

地球上最大的洋是哪一个?已经有这么多人举手要求"抢答"了!对,当然是太平洋了!它可是全球四大洋中的"老大哥"呢!

瞧瞧它的面积,占全球面积的35%,还覆盖着约全球49.8%的水面,就是地球上所有陆地面积加起来,还没有它大呢!怎么样?够得上"老大哥"的地位吧!

谁污染了生命之水

太平洋跨 135 个纬度,南到南极洲,北到白令海峡,东临北美洲,西靠亚洲和大洋洲。它的平均深度为 4 028 米,最深的地方就是马里亚纳海沟,足有 11 034 米。怎么样?和珠穆朗玛峰的高度比起来如何呢?

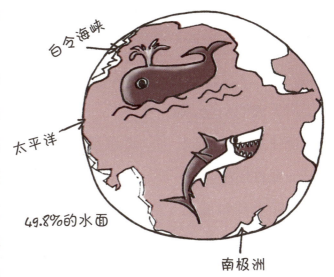

如此广阔的海洋,物产资源当然也是极其丰富的,如鳕鱼、金枪鱼、蟹等,海底还有大量的锰结核和丰富的石油资源等,实在太多了,要想说清楚,估计不是我们这本书能做到的。

想知道太平洋这个名字的来历吗?那就听卡克鲁亚博士给你讲一讲吧!

太平洋的名字源自拉丁文"平静的海洋"。不过最早的时候,它并不叫这个名字。1519 年 9 月 20 日,葡萄牙航海家麦哲伦为了寻找一条通往印度和中国的新航线,带着由 270 多名水手组成的探险队,从西班牙的圣罗卡起航,开始了西渡大西洋的征程。

12 月份,船队到达了巴西的里约热内卢,一番休整之后,便继续向南进发,并于 1520 年 3 月份到达了圣朱利安港。就在一切看起来还算顺利的时候,却不料船队内部发生了内讧。

麦哲伦费了九牛二虎之力,最终将叛乱镇压下去,船队继续南行。海上航行远不是一般人想得那么简单,更何况那还是几个世纪之前的事。之后,他们面对惊涛骇浪,也是吃尽了苦头,好不容易到达了南美洲的南端,随后进入了一个海峡。

记住这个海峡吧,这就是后来以麦哲伦的名字命名的海峡——麦哲伦海峡。

海峡里的海域更是险恶异常,经过了38天的奋战,船队终于到达了麦哲伦海峡的西端,此时船队损失惨重,仅剩下了3条船,而船员也损失了一半。

之后,又经过了3个月的艰苦航行,船队从南美越过了关岛,到达了菲律宾群岛附近。而这段航行再也没有遇到过风浪,海面平静得让人心安,这里正是赤道的无风带。之前饱受滔天巨浪之苦的船员们都无比兴奋地说:"这里可真是一个'太平洋'啊!"自此,太平洋的名字就传开了。

擎天巨神之海——大西洋

全球第二大洋就是大西洋了,约占地球表面积的18%,平均深度约为3 627米。大西洋呈南北走向,具有奇特的"S"形轮廓,南北全长约1.6万千米。大西洋宽度最窄的地方在赤道区域,最短距离仅约2 400千米。

位于欧洲、非洲与南美洲、北美洲和南极洲之间的大西洋,北以冰岛—法罗海隆和威维尔·汤姆森海岭与北冰洋分界,南临南极洲,并与太平洋、印度洋南部水域相通。西南以通过南美洲最南端合恩角的经线同太平洋分界,东南则以通过南非厄加勒斯角的经线同印度洋分界。西部通过巴拿马运河与太平洋连接,东部经过直布罗陀海峡通过地中海,以及亚洲和非洲之间的苏伊士运河,与印度洋的附属海红海连接。

大西洋除海洋资源特别丰富外,海运也特别发达,货运量约占世界货运量的2/3。

大西洋的英文名 Atlantic Ocean 源于希腊语。希腊神话中的擎天巨神叫阿特拉斯,大西洋的意思实际就是阿特拉斯之海。传说阿特拉斯知道任何一个海洋的深度,并且能支撑石柱,让天地分开,而大西洋正是他居住的地方。

大西洋上的墨西哥暖流是各大洋中最强大的一支。其中自佛罗里达海峡流出的暖水量为所有河流总径流量的20倍。

大西洋的中文译名最早见于明代，那时候习惯上的东西洋分界，大体上以雷州半岛到加里曼丹岛一线为界，西面叫"西洋"，东面则称之为"东洋"。所以在过去，中国把欧洲人称为西洋人，而把日本人称为东洋人。

当西方地理学和地图传入中国后，Atlantic Ocean一词如何译成贴切的汉语，让翻译家颇感为难，便习惯地译成"大西洋"，于是"大西洋"一词便一直沿用至今。

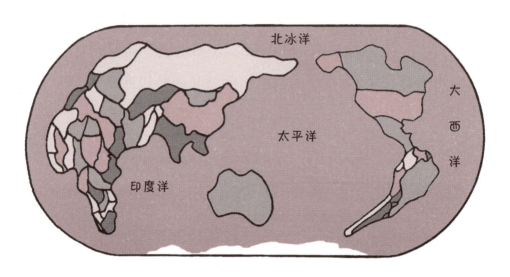

红色海洋——印度洋

作为世界上的第三大洋，印度洋约占地球表面面积的15%，约占总海洋面积的21%，平均深度大约是3 897米。虽然面积排第三，但是它的平均深度却仅次于太平洋。

印度洋主要位于北纬30°到南纬40°之间，由亚洲、大洋洲、非洲和南极洲环抱。这里蕴藏着丰富的石油和天然气资源，主要分布

谁污染了生命之水

在波斯湾,是世界上最大的海洋石油产区。

此外,印度洋还含有丰富的金属矿藏,以锰资源为主。印度洋的捕鱼量要比太平洋和大西洋少很多,鱼类以旗鱼、灯笼鱼、飞鱼、金枪鱼等最为有名。

古代的时候,印度洋被称为"厄立特里亚海",古希腊地理学家希罗多德所著的《历史》一书中,就有它的踪迹。"厄立特里亚"在希腊文中的意思是红色,所以印度洋的古名就是"红海"。

有记录显示,最早使用"印度洋"这个名字的人,应该是公元1世纪后期的罗马地理学家彭波尼乌斯·梅拉。到公元10世纪时,阿拉伯人伊本·豪卡勒编绘世界地图的时候,就用了这个名字。而近代正式使用这个名字,则是在1515年左右,当时中欧的地图学家在编绘地图时,把这一大片海洋标注为"东方的印度洋"。

葡萄牙航海家达·伽马于1497年向东航行寻找印度时,将沿途所经过的洋面统称为印度洋。1570年,奥尔太利乌斯在他编绘的世界地图集中,把"东

方的印度洋"一名去掉"东方的"三字,于是"印度洋"这个名字逐渐被人们接受,最终成为通用的称呼。

北极星下的北冰洋

现在,让我们来看看大洋兄弟中的"老幺"——北冰洋吧,它是以北极点为中心的一片辽阔的水域。

北冰洋,在亚洲与北美洲之间有白令海峡通太平洋,在欧洲与北美洲之间,则以冰岛—法罗海隆和威维尔·汤姆森海岭与大西洋分界,而通过丹麦海峡和北美洲东北部的史密斯海峡,则可与大西洋相通。

位于北极圈内的北冰洋,面积为1 310万平方千米,占北极地

区面积的60%以上,但总体面积也只有太平洋面积的1/14。所以北冰洋又被叫作北极海。

北冰洋的海水总容积为1 690万立方千米,平均深度为1 205米,利特克海沟深度为5 527米。这里2/3以上的海面全年覆盖着厚达1.5米到4米的巨大冰块,是地球上唯一的白色海洋。而北冰洋中心区的海冰已持续存在了300万年,属于永久性海冰。

由于北冰洋的海岸线十分曲折,这就形成了许多浅而宽的边缘海和海湾。北冰洋有着众多的岛屿,岛屿数量仅次于太平洋,位居各大洋的第二位。

北冰洋周围各边缘海有着数不清的冰山,虽然高度上无法和南极的冰山相比,但却拥有奇异的外形。顺着海流向南漂去的冰山,有的甚至能从北极海域一直漂到北大西洋。不过由于漂流路线不固定,也就给行驶在北大西洋航线上的船只带来很大危害。

北冰洋不仅是世界上最小的大洋,还是世界上最冷的大洋。古希腊人曾经把它叫作"正对大熊星座的海洋",英文名Arctic Ocean中的Arctic就源自希腊语,意思就是正对着大熊星座。

不太了解天文的人,可能不知道大熊星座,但是作为常识,你肯定知道北斗七星吧?

仰望星空,就会看到那个以勺子形状排列的七颗星星。它们实际上是大熊星座的一部分,那个构成勺子把的三颗星星就是大熊的尾巴。哈哈,有兴趣了吧,那就翻翻书,或者上上网,找图片看看。

另外,那颗人们总喜欢用它指引方向的大名鼎鼎的北极星,就是那个勺子把最尾端的星星,也就是大熊的尾巴尖。

卡克鲁亚笔记

大熊星座是北方天空最醒目,也最重要的星座。古代的中国,人们给大熊星座中的北斗七星分别起了名字,把斗身的四颗星星叫作"魁",而那颗连接勺子和勺把的天权星,就是传说中的文曲星。在科举年代,赶考的学子们都会向文曲星祈祷,古人也会用"文曲星下凡"来夸赞有才能的人。

奇幻海洋

海洋,真可谓是一个奇幻的世界,仅仅在中国所辖海域,有记录的海洋生物就有2万多种。而中国的海洋生物种类约占全世界海洋生物种类的10%,这是多么庞大的生物群啊!

这里只能甄选几个"幸运儿"作为代表,简单地讲一下海洋里的有趣生物。

是海中巨兽鲸鱼?还是聪明的海豚?抑或是海龟、海豹,或者海狮?这些家伙是不是都算是你的"熟人"了?那么就说点生僻的吧!

会发电的鱼

海洋里有一种会发电的鱼,叫电鳐。电鳐的发电器是腮部肌肉

谁污染了生命之水

变异而来的,在头部的后面和肩部胸鳍的内侧,左右各一个。每个发电器是由一块块纤维组织构成的电板,大约40个电板上下重叠,形成叫作电函管的柱状管。每块电板上,有神经末梢的一面为负极,而另一面就是正极。

正负极都有了,剩下的就是"放电"了。电鳐的放电量能达到70伏特到80伏特,有时甚至能达到100伏特,每秒钟能放电150次。

如果你问它放电有什么用,看看它的胃里都有些什么,你就明白了。

瞧瞧这些鳗鱼、比目鱼,还有鲑鱼,它们都是在电鳐的电击下失

去意识的,被电鳐活吞下去。可怜的家伙们,没办法,谁让它们碰上海底"电击手"了呢!

会发光的鱼

既然都有会发电的鱼了,那么会发光的鱼也就不稀奇了。别误会,会发光的鱼可不是借了会发电的鱼的光哦!

有一种鱼叫烛光鱼,在它的腹部和腹侧有很多发光器,就好像一排排蜡烛,所以才得了这么个名字。

海里能发光的鱼可不止这一种哦!

鱼类之所以能发光,是因为一种特殊的酶的催化作用,也就是一种化学反应。荧光素在受到荧光酶的催化作用后,荧光素吸收能量,就变成了氧化荧光素,并释放出光子而放出光来了。

这种光只亮不热,如果发热,鱼岂不是要把自己烤熟了嘛!这些发光的鱼能发出不同颜色的光,有白色的,有蓝色的,有一些鱼甚至还能发出红、黄、绿的光。咦?这个看起来怎么像交通信号灯呢?还有些鱼发出的光很微弱,有的鱼甚至能同时发出好几种不同颜色的光呢!

怎么样?这么多发光的鱼,看起来大有举办海底晚会的架势了吧!

至于鱼类为什么会发光,从生物学角度分析,无非是四点原因:诱捕猎物、吸引异性、联系同伴、迷惑敌人。

会"叫"的鱼

别惊讶得张那么大的嘴巴,小心鱼飞到你嘴里!是不是以为卡克鲁亚博士又开什么玩笑了?当然不是了。尽管大家都认为鱼是"哑巴",但的确有些鱼会发出奇怪的声音。

举几个例子吧。有一种叫康吉鳗的鱼,就会发出一种"吠"音,而电鲶叫起来,则类似于猫发脾气的叫声。鲂鮄的叫声更加诡异,有时像猪叫,有时像呻吟,有时像鼾声。真不知道这家伙是什么意思,如果它是你的邻居,你就甭想睡好觉了。

另外,海马会发出打鼓似的声音,而最善叫的莫过于石首鱼类了,它会发出碾压声、打鼓声、蜂雀飞翔的声音、猫叫,甚至口哨声。

你是不是要问,这家伙是表演口技的吧?这也未免太热闹了!

据说石首鱼多在繁殖期间这么折腾,目的应该还是召唤同伴吧!

绚烂的植物

海洋里的植物当然是以海藻为主。科学家根据它们的习性,把海藻分

> 石首鱼原名为江鱼,因其夜间发光,头中有像棋子的石头而得名。

特别注意

鱼类的发声多是骨骼摩擦,或者鱼鳔收缩引起的。有的时候,呼吸或肛门排气也会发出各种不同的声音。也就是说,如果你听到有些鱼发出奇怪的声音,搞不好是它在放屁哦!经验丰富的渔民会根据鱼类发出的不同声音,来判断鱼群数量的大小,以便下网捕鱼。

为浮游藻和底栖藻两大类。

浮游藻是由一个细胞组成的,所以也被称为海洋单细胞藻。它们是一群具有叶绿素,能进行光合作用,并且能生产有机物的自养型生物。这些海洋中最重要的初级生产者,还是鱼虾贝类等的饵料。

浮游藻的运动能力很弱,所以它们只能随波逐流,或者悬浮在水中,做极其微弱的浮动。浮游藻的身体直径也就千分之几毫米,所以我们也只有在显微镜下才能"一睹芳容"了。

底栖藻,听名字就能猜到点什么吧?它们都是栖息在海底的藻类。和浮游藻不同的是,底栖藻大部分都能用肉眼看到,它们是多细胞的海藻。小点的种类,成体只有几厘米长,而最长的底栖藻,则可以达到200米到300米。底栖藻的形状也是千奇百怪,有些像带子,比如海带,这个应该不陌生吧?有些像绳子,如绳藻;有些像树枝,如马尾藻;有些呈片状,如石莼、紫菜等。

谁污染了生命之水

你不知道的

底栖藻有着很多鲜艳美丽的颜色,如绿色、褐色和红色等,都能在底栖藻中看到。所以科学家根据它们的颜色,又把海藻分为三大类:绿藻类、褐藻类和红藻类。最常见的多细胞绿藻有石莼、礁膜,被我国沿海渔民称之为海菠菜或海白菜,还有浒苔,这些可都是美味哦!

缺水的"水球"

尽管地球看起来是个"水球",但是它却是一个缺水的"水球",这话怎么讲?

比起海水来,大部分不靠海生活的人应该对淡水更加熟悉,想想如果有一条江,或者一条河穿城而过,那该是多么美好的事情啊!

这样美妙和幸运的事情,可不是每个城市都有的。大多数城市里的人看到的淡水,也就是打开水龙头流出的自来水吧!或许在一些乡村,有些家庭还会拥有一口属于自家的水井。炎热的盛夏,一口清凉的井水对下地忙完农活的人们来说,简直就是解渴消暑的佳品。

被"雪藏"的淡水资源

地球上的水总共有多少呢?大约 14 亿立方千米,而其中淡水只占了 2.7%。

这些淡水还不是全部可以被人类使用的,因为这些淡水大部分都以永久性的冰或者雪的形式,被封存在南极洲和格陵兰岛,或者被埋藏在很深很深的地下。

给大家科普一下关于水资源的定义。从广义上讲,地球表层可以被人类利用的水,就是水资源。但是从狭义的角度讲,水资源则是指能为人类直接利用的淡水。

这句话是什么意思?就是说那些永久性的冰和雪,尽管也是淡水,但是却没办法正式"走入"人类的生活。

那么到底有多少被"雪藏"的淡水呢?给几个数据,你就会一目了然了。

剩下的就是湖泊、沼泽和河水了。理论上这些就是可以被人类直接利用的淡水资源了。可是这些淡水资源还剩多少呢?让我们继续看一看,河水只占淡水资源的0.1%,还有0.35%属于湖泊和沼泽。

现在,你可以根据这些百分比来算算,最

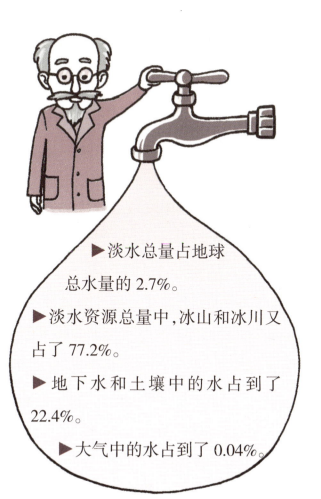

▶淡水总量占地球总水量的2.7%。
▶淡水资源总量中,冰山和冰川又占了77.2%。
▶地下水和土壤中的水占到了22.4%。
▶大气中的水占到了0.04%。

终可以被人类直接利用的淡水资源究竟有多少。

抛却那些不方便利用的,甚至藏在地下太深的淡水资源,地球上方便利用的淡水还不到淡水总量的1%,仅仅是地球上水资源总量的0.01%。

你别以为海洋什么忙也帮不上,淡水的补给是要靠海洋表面蒸发的。海洋每年要蒸发掉50.5立方千米海水,足足有1.4米的水层,而陆地上也有7.2立方千米的水蒸发,随后在高空集结成云,然后返回到地面或者海面。当然,这些降水中有80%会降落到海洋中,而很多江河最终也都要归于大海。

严峻的淡水现状

据统计,全世界大约有1/3的人生活在中度或者高度缺水的地区,这些地区的淡水消耗量超过更新水总量的1/10。

水质下降,也是导致淡水资源愈加紧张的原因之一。

无论是发达国家,还是发展中国家,抑或是经济发展速度较慢的国家,无不存在着水污染问题,所不同的也仅仅是污染程度不同。

从城市日常生活排出的各种污水,到工厂排出的工业废水,如热污染、重金属污染,甚至放射性废物污染……种种污染物或者被直接倾倒入水源;或者是通过进入土地后,渗入水源;或者是排入空中,再通过降水或者沉降的方式落入水源中。

想要把这些污染列个名单,这里的篇幅远远不够。

水质变得糟糕的后果当然是严重的,不仅人类的用水成了问题,那些水里的生物也面临着生存危机。不卫生的水以及环境,导致很多疾病泛滥。每天,由于水质不合格导致的死亡人数,竟然相当于每天有20架大型客机坠毁的死亡人数。

为什么说中国是个缺水的国家?

从绝对角度看,中国的淡水资源总量占全球总资源的6%,在全世界范围内,进前十名没问题。

先别高兴得太早,这只是一个绝对数字,如果从相对角度来看,想想中国的人口,再平均一下,人均淡水资源不仅进不了前十名,还低于世界淡水资源人均水平,要排到100多名以后了。还要考虑到一点,这些淡水资源所处的位置,是否都在人群集聚地附近。

看起来的确有点麻烦。

问题并没有到此

结束,所谓的水资源的不足,还不仅仅是水源性缺水,另外还有水质性缺水。

有多少江河存在污染问题呢?水源的污染,无疑让原本已经很紧张的淡水资源变得更加紧张。从饮水的大肠杆菌超标,到被有机物污染严重的水,还有那些硝酸盐超标的水……

水污染无疑让紧张的淡水资源再度雪上加霜。

你不知道的

与水源性缺水不同的是水质性缺水,如我国南方地区的降水量较大,地表水资源要比北方多,按理说不存在水源性缺水的问题。但是由于废水污染的扩大,河流湖泊水污染较重,这就导致了"守着江河没水喝"的局面。这种因水质变坏造成的缺水现象,被称为水质性缺水。水质性缺水已经成为环境退化的标志。

那些污染水源的凶手

造成水污染的原因多种多样,在有限的篇幅中想要一一说清楚是不可能的。很多水污染,或许你都没有听说过,或者即便听说过,也并不清楚其产生污染的原理,或者这种污染究竟对环境和人类有什么具体的影响。

这里会将一些有代表性的水污染源展示给大家,让大家对水污染有一些具体的了解。

造纸厂污染

纸张在生产过程中,要经历水洗浆,用水冲洗毛布、网龙,用水稀释纸浆、抄造的过程,而用水洗刷纸浆和造纸机的时候,都会产生大量废水。这些废水排入自然水体后,便会对水体造成污染。

用煤烧炉产生蒸汽烘干纸页的时候,煤的燃烧还会产生有害气体,污染空气。所以说造纸厂导致的污染会影响到周围的水体和空气。

所谓的制浆,就是把植物原料中的纤维分离出来,制成造纸用的浆料,然后再进行漂白。而抄纸则是把浆料进一步稀释、成型、压榨、烘干,然后制成纸张。这两个过程是造纸中最主要的产生污水的过程。

特别是制浆的过程,会产生大量污水,这一过程造成的污染也最为严重。而洗浆时会排出黑褐色的污水,看起来仿佛是颜色浓重的酱油。因为它的颜色,所以被称为"黑水"。黑水的污染物浓度非常高,含有大量纤维、无机盐和色素。

抄纸机排出的废水则被称为"白水","白水"中含有大量纤维和生产过程中的添加物质。

在很多山清水秀的地方,竟然都建有这种造纸厂。当这些废水排入到自然水体后,原本清澈的水流就变成了可怕的、散发着刺鼻气味的酱汤色。在这样的水里,鱼虾是根本无法生存的,而这样的水进入农田,庄稼也将"中毒身亡"。人喝了这样的水,当然也会生病,甚至会导致癌症。

谁污染了生命之水

别说河里的水生物和田里的庄稼了,就是造纸厂附近的居民,因这种污染气味而不得不天天门窗紧闭。呼吸了这样的空气,人也会感到恶心和窒息。

你问为什么非要在山清水秀的地方建造这样的工厂?每一个地方都要求发展地方经济,当然就要建在自己所辖的范围内。我们都希望地方经济发展,但是在发展经济的同时,也应该考虑到对环境的影响吧?毕竟发展经济也是为了让人们生活得更好,倘若人们都住在这样的环境中,庄稼和鱼儿们也都遭了殃,那还谈什么发展呢?

火电厂污染

火电厂排放的污染物分为固体、液体、气体污染物,另外还要算上噪声污染。这些污染主要有6种:尘粒、二氧化硫、氮氧化物、废水、粉煤灰渣和噪声。

其他的就不说了,我们主要来说说废水污染吧!

火电厂产生的废水主要有冲灰水、除尘水、工业污水、生活污水、酸碱废液、热排水等。除尘水和工业污水一般都排入灰水系统。

19世纪80年代,中国的灰水年排放量有6亿多吨,其中一部分pH值超标,呈碱性。特别是火电厂灰水中的氟和砷也超过了标准,还有一些灰水中的悬浮物也超标。

这些酸碱废液主要来自于锅炉给水系统,不同的给水系统排出的酸碱废液量也是不同的。其中阴、阳离子处理系统要排出40%左右的酸碱废液,而移动床排出的则为20%左右。另外,酸洗锅炉的废酸液都是排入中和池,经过中和后再排出。

热排水多是经过凝汽器排出的循环水,一般排出的水温要比进水温度高出8℃。如果热水排入到自然水体后,产生的影响超过

水生生物承受的限度,就会造成热污染,对水生生物的繁殖、生长产生不良影响。

对水污染的治理要进行综合考虑,将污水的产生、水量和水质的控制、污水输送的几种方式,还有污水处理装置的设置和处理方法都考虑进去。还要考虑到污水经人工处理后的排放和回收利用,以及排入水体和土壤的自净能力等因素,也都需要加以斟酌。总之,需要进行全面规划,采取综合防治措施,做到人工处理与自然净化相结合,无害化处理与综合利用相结合,以及在可能条件下推行闭路循环用水系统,发展无废水或少废水生产工艺等。

我们要综合考虑水资源规划、水体用途、经济投资和自净能力,运用系统工程方法,采用优化方案解决水污染的问题。利用火电厂的粉煤灰(它本来也是一种污染物)净化污水是一个明显的综合利用实例。

卡克鲁亚笔记

对粉煤灰的处理和利用技术的研究开始于20世纪20年代,利用粉煤灰经酸处理,并加以活化后,和石灰以及少量的聚合电解质一起使用,可以清除大部分工业废水和城市废水中的污染物。粉煤灰原本是火电厂的固体废物,也属于一种污染物,但是倘若按照科学的方法对其加以利用,不但减少了污染物的产生,还让它在防污染方面发挥了作用。

关于热污染

1965年,澳大利亚曾一度流行一种脑膜炎,后来经过科学家证实,这次脑膜炎的流行源自一种变形原虫,而导致这种变形原虫大量滋生的原因,竟然是发电厂排出的热水让河水温度升高。归根结底,还是水污染导致的这次脑膜炎流行。

什么是热污染

热污染就是指现代工业生产和生活中排放的废热,给自然环境造成的污染。火力发电厂和核电站、钢铁厂等的冷却系统会排出很多热水,石油、化工和造纸等产业排出的废水也含有大量的废热,这些废热可同时对大气和水体造成污染。

这些废热在排入地表水体之后,能让水温升高。而且热电厂、核电站和炼钢厂等排出的冷却水在导致水体温度升高的同时,还会让水中的溶解氧减少,使水体处于缺氧状态。同时,增高的水生生物代谢率又需要更多的氧,这就让水生生物,如鱼类不能繁殖,或直接死

亡。热污染的受害者,首当其冲就是水生生物。

水温升高,也给一些致病微生物提供了一个良好的温床,让它们滋生泛滥,引发疾病的流行,对人类健康构成了极大的威胁。

城市里因为人口集中,建筑和街道等代替了原本地表的天然覆盖层,工业排热、大量机动车的行驶,以及大量空调排放的热量,也让城市气温高于周围的郊区和农村,形成了热岛效应。

在美国,每天排放的冷却水达到了 4.5 亿立方米,接近全国用水量的 1/3。废热水所含热量达到了 2 500 亿千卡左右,这些热量足够让 2.5 亿立方米水的水温上升 10℃。

如何防治热污染

对工业余热的充分利用是减少热污染的最好、最主要的办法,如高温烟气余热、高温产品余热、冷却介质余热和废气废水余热等,可以加以利用,使其成为二次能源。

中国每年可利用的工业余热相当于 5 000 万吨标准煤的发热量。想想这个数字,倘若能够将这些热污染统统利用,岂不是既节约了好多煤,也避免了这些煤在燃烧过程中产生的污染吗?

冶金、发电、化工和建材等行业,可以通过热交换器,利用余热来预热空气、干燥产品以及供应热水等。此外,还可以利用这些余热来调节水田的水温,调节港口水温。

还可以对一些冷却方式进行改进,尽可能减少冷却水的排放。对于那些压力高、温度高的废气,则可以通过汽轮机的动力机械,直接将热能转化成机械能。

另外,在一些工业生产中,对某些有窑体作业的行业,要采取保温措施,尽量降低热损失,如在水泥窑筒体采用硅酸铝毡,或者珍珠岩等高效保温材料,既可以减少散热,同时又能降低水泥熟料的热耗。

还有就是尽可能利用那些清洁能源,如水能、风能、地热能、潮汐能和太阳能等。

洗衣粉也是污染物

洗衣粉是我们居家生活的好帮手,具有很强的洁净功能。可是为我们带来干净的洗衣粉,怎么成了污染物呢?

这要从洗衣粉是如何将衣物的污垢去除说起了。洗衣粉中含有助洗剂,而助洗剂分为含磷和不含磷两种。因此洗衣粉也就分为含磷洗衣粉和不含磷洗衣粉两种了。

洗衣粉主要由表面活性剂和助洗剂组成。表面活性剂起着降低水表面张力的作用,用来去除

1907年,德国汉高公司以硼酸盐和硅酸盐为主要原料,首次发明了洗衣粉。

衣物上的污垢,而助洗剂的作用则是结合钙镁离子,用来阻止污垢的再次沉积,同时也可以提高表面活性剂的去污能力。

含磷洗衣粉是以磷酸盐为主要助洗成分的,使用这类洗衣粉洗涤过衣物后,如果将污水排放到自然界的江河湖泊里,就会导致水体磷含量增高,使水质富营养化,导致藻类和水草类大量滋生,让水质变得浑浊,水体也会因为这些植物对氧的争夺而变得缺氧,导致水里其他生物由于缺氧而死亡。

瞧瞧这含磷洗衣粉的行为,明明就是在破坏环境!尽管它之前做的是清洁工作,但之后就成了货真价实的污染环境、破坏生态平衡的污染物了。

所以我们在选择洗衣粉的时候,可要把好关,一定要选择不含磷的洗衣粉。这可不是植入广告哦,因为无磷洗衣粉中的助洗剂不含磷,所以也不会导致水质富营养化,当然有利于水体环境的保护了。

卡克鲁亚笔记

所谓水体的富营养化,就是指人类将含有磷、氮以及有机物的工业污水、农业污水、城市污水排入自然水体,造成营养物质积聚,引起浮游生物无节制地生长,造成水体变色、变坏,引起浮游生物的恶性生存竞争,最终大面积消亡。中国的滇池、太湖、巢湖都曾经受到过这样的污染。

尽管绝大多数厂家已经不再生产含磷洗衣粉了,但是不排除一些非法小作坊生产这样的产品,或者有些进口洗衣粉会含磷哦!所以为了保护水环境,我们要擦亮眼睛。

赤潮之灾

提到含磷洗衣粉的事情,就不得不说一说关于赤潮的问题。

赤潮,又名红潮。红色是看起来很漂亮的颜色,然而这个看起来很漂亮的颜色,却有着极其可怕的真面目。不信?听听这家伙的另外两个名字——"红色幽灵"和"有害藻华"。怎么样?有点不妙的感觉了吧。给你看看赤潮造成的危害,你就会对它有更深刻的印

象了。

▶首先，大量赤潮生物会集聚在鱼类的腮部，让鱼类因为缺氧，窒息而死。

▶其次，赤潮生物死亡后，在分解的过程中会大量消耗水中的溶解氧，导致鱼类和其他海洋生物因为缺氧而死亡。与此同时，还会释放出大量的有害气体和毒素，严重污染海洋环境，破坏海洋生态系统。

▶然后呢？这么多有毒的海藻，鱼类吃了不还是会中毒身亡嘛！即便鱼类没有吃这些有毒的海藻，这些海藻也已经污染了水体，还是会让鱼类付出生命的代价。

发生赤潮的时候，海水除了变成红色之外，pH值也会升高，海水的黏稠度也会增加，那些非赤潮藻类的浮游生物就会衰减、死亡，而赤潮藻也会因为自身的急剧繁殖导致过度集聚，最后在害死"别人"之后，也害死了自己。

卡克鲁亚笔记

尽管叫作赤潮，但它并不一定都是红色的。根据引发赤潮的生物种类和数量的不同，发生赤潮的海水会呈现出黄色、绿色以及褐色等不同的颜色。海藻家族庞大，除一些大型海藻外，很多都是非常微小的植物，有些甚至是单细胞生物。例如，褐潮就是由抑食金球藻类所致，而绿潮则是由浒苔类所致。

产生原因

作为海洋生态系统中的一种异常现象,赤潮是由海藻家族中的赤潮藻在特定条件下,爆发性地增生繁殖所造成的。

究竟是什么原因导致这些海藻出现爆发性的增生繁殖呢?也就是说,这所谓的"特定条件"到底是什么呢?

关于赤潮产生的原因其实有很多,但是有一个因素却是很重要且不得不提的,那就是海洋污染。

当大量含有各种氮的有机物的污水排入到海水中,就让海水变得富营养化,为赤潮藻类大量繁殖创造了重要的物质基础。海水富营养化不仅是赤潮发生的物质基础,还是一个首要条件。

听到了吧?"富营养化",这就是为什么说到含磷洗衣粉,就不得不说说赤潮的原因了。虽然赤潮现象不可能都是含磷洗衣粉造成的,但是含磷洗衣粉却是导致水体富营养化的一个重要原因。

人类发展到今天,现代化的工业和农业生产,以及人类的日常生活,都会让大量生产和生活污水排入海洋,那些没有被处理过的污水,就会导致近海地区的海水富营养化程度加重。沿海地区开发程度扩大,海水养殖业扩大,同时也带来了海洋生态环境和养殖业自身的污染问题。海洋运输也可能导致外来的有害赤潮进入,还有就是那个总被提起的话题——全球气候变化,这也是导致赤潮频繁发生的原因之一。

科学研究表明,海洋浮游藻类是引发赤潮的主要生物。全世界4 000多种海洋浮游藻类中,有260多种可以形成赤潮,而其中有

谁污染了生命之水

卡克鲁亚笔记

因赤潮引发的毒素统称为"贝毒",因为这些毒素极易在贝类体内积累,而这些毒素的含量大多都超过了人体可以接受的水平。倘若这些贝类不慎被食用,就会导致人中毒,严重的就会导致死亡。现已确定,有十多种贝毒的毒素比眼镜蛇的毒素还要高出80倍,比一般的麻醉剂,如普鲁卡因和可卡因要强出10多万倍。

70多种是能产生毒素的。这些毒素有些可以导致大量海洋生物死亡,倘若这些毒素进入人类的食物链,就会造成人类食物中毒。

强力杀手——农药

农药可以杀死田里的害虫、真菌以及其他危害农作物生长的生物,如杂草。但是在杀死它们的同时,农药中存在的有毒物质也会对人体产生伤害。

人类最早使用的农药有滴滴涕和六六六等,它们能大量消灭害虫。因为它们的稳定性好,因此可以在环境中长期存在,并在动植物,甚至人体内不断积累,产生危害。如今,这些农药已经被淘汰。

虽然这些农药被淘汰了,但是农田里的有害生物还是要"消灭"的,取而代之的便是有机磷农药,如敌敌畏等。不过这其中可是含有磷元素的,使用这些农药会造成水质富营养化。这一危害刚刚在含磷洗衣粉和赤潮中,我们已经讲过很多了。

直到近些年,终于有一批高效低毒的农药面世,而且人们还找到了具有专一性的农药,这就是激素农药。

根据农药防治的对象,可分为杀虫剂、杀菌

剂、杀螨剂、杀线虫剂、杀鼠剂、除草剂、脱叶剂、植物生长调节剂等。

根据原料的来源,农药可分为有机农药、无机农药、植物性农药、微生物农药。此外,就是昆虫激素。

另外,农药还可以根据加工剂型,分为粉剂、可湿性粉剂、可溶性粉剂、乳剂、乳油、浓乳剂、乳膏、糊剂、胶体剂、熏烟剂、熏蒸剂、烟雾剂、油剂、颗粒、微粒剂等。

从总体上讲,农药大多数都是液体或者固体的形态,也有少数是气体的。根据害虫或者病害的类型,以及农药本身的物理性质,采用不同的使用方法,或粉末散布,或制成水溶液、悬浮液、乳浊液等后喷射,也有制成蒸气或者气体熏蒸等使用方法。

农药导致的污染情况

农药进入到自然环境中,会造成环境污染,还会导致极其危险的后果。

使用农药后,它们会通过蒸发、蒸腾进入到大气中,这些飘动的农药又会被空气中的尘埃吸附,并随风扩散,造成大气环境污染。随后又会通过降水的形式落到地面,流入水中,造成水环境的污染,对人类和动物,特别是对水生生物造成危害。同时,进入到土壤中的农药还会造成土壤板结。

如果长期使用同一种农药,肯定会让病菌和害虫产生抗药性,然后就需要加大农药的使用剂量,否则就达不到消灭病菌和害虫的目的,于是就形成了一个恶性循环。

另外,农药在杀死害虫的同时,也会杀死其他生物,其中也包括对人类有益的生物,如青蛙、蜜蜂、鸟类和蚯蚓等,这样就导致益虫和益鸟减少或灭绝,实际上也就是减少了害虫的天敌,进而导致害虫数量的增加。

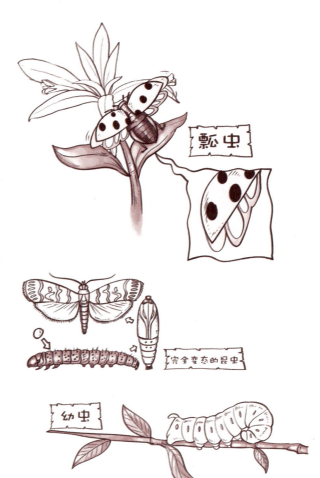

和益虫、益鸟同样难逃厄运的,还有野生动物和家畜、家禽。农药会导致它们急性或者慢性中毒,更严重的是还会影响它们的生殖能力。因此,鸟类和家禽下的蛋不是重量减轻,就是蛋壳变薄,很容易破碎。一句话,农药的污染有可能导致很多野生生物灭绝。

动植物都这样了,人也跑不掉。

根据农药的毒性,人们将其分为高毒农药、中等毒农药和低毒农药。

农药轻度中毒者,表现为头痛、头昏、恶心、倦怠、腹痛等,重者则会痉挛、呼吸困难、昏迷、大小便失禁,甚至死亡。

农药会残留于蔬菜中,而人体摄入的硝酸盐有81.2%来自受污染的蔬菜。硝酸盐是全世界公认的三大致癌物——亚硝胺的前体物。长期食用受到污染的蔬菜,毒物便会在人体中聚集,成为导致癌症、动脉硬化、心血管病、胎儿畸形等疾病的重要原因。

你不知道的

化肥在农业生产中被广泛使用,然而化肥的原料在开采和加工的过程中,总是会带进一些重金属元素,或者是其他有毒物质,特别是磷肥。另外,利用废酸生产的磷肥,还带有三氯乙醛。

让海洋"窒息"的石油污染

赤潮的发生虽然有人类的因素,但至少还可以说有其他的因素。不过对于海洋来说,另一种污染,人类难辞其咎,那就是石油污染。这些漂浮于海洋上的家伙,让湛蓝的大海难以"呼吸"。

海洋石油污染

所谓的海洋石油污染,就是指石油以及其炼制品,如汽油、煤油和柴油等,在开采、炼制、储运和使用过程中,进入到海洋环境中所造成的污染。

这些污染,有些是来自河流汇入大海中携带的含油废水,还有海上的油船漏油、排放,以及油船事故。另外,海底油田在开采过程中发生逸漏和井喷,也会导致大量原油进入海洋。散逸到大气中的石油烃的沉降,以及海底油层的自然溢出,也是导致海洋遭到石油污染的原因。

海上的石油污染,主要发生在河口、港湾,以及近海水域、海上运油线路和海底油田的周围。

石油在进入海洋后,会发生一系列的复杂变化,包括扩散、蒸发、溶解、乳化、光化学氧化、微生物氧化、沉降、形成沥青球,还包括这些污染在食物链中转移的一系列过程。虽然这些变化过程在时间和空间上有先后和大小的差异,但是大多都是在交互进行的。

卡克鲁亚笔记

石油在进入海洋后,在重力、惯性、摩擦力和表面张力的作用下,首先就是在海洋的表面迅速扩张成薄膜,继而在风浪和海流的作用下,被分割成无数大大小小块状,或者带状的油膜,再随风漂移扩散。风是影响漂移的最主要的因素,漂移的速度大约是风速的3%。

石油污染对海洋的危害

石油在海面上形成的油膜,阻碍了大气和海水之间的气体交换,让海面不能正常地对电磁辐射进行吸收、传递和反射。如果油膜长期覆盖住极地的冰面,则会增强冰块的吸热能力,从而加速冰层融化,这就会对全球海平面的变化和长期的气候变化造成潜在影响。

至于石油污染对海滨风景区和海滨浴场的影响,不必多说,你

只要稍微想象一下那个场景,也就非常明了了。

1983年,"东方大使"号油轮在中国青岛的胶州湾触礁搁浅,导致溢油达3 000多吨,严重污染了青岛海滨和胶州湾海域。

漂浮在海面的油膜减弱了太阳辐射进入海水的能量,同时也影响了海洋植物的光合作用。而那些海洋生物,还有海鸟,更是深受其害。想想那些油污粘在它们的身上,你可别以为仅仅是脏,这些东西对海洋生物的伤害远远不止这些。这些油污会让海洋生物丧失保温、游泳和飞行的能力,没有了这些能力,它们还能生存吗?

如果你不理解油污为什么会让它们丧失这些能力,这里就给你稍微科普一下。这些海洋生物之所以能生存在海水里,是因为它

们的皮肤和羽毛上都有油脂物质。而那些可怕的油污则会对它们身上的油脂物质起到溶解作用,这对这些动物而言,可是一件要命的事情。更何况这些显而易见的黏着的油污,对它们的身体也是个极大的束缚。

石油污染对海洋生物的伤害还不止这些,对它们摄取食物、繁殖和生长,甚至对它们的行为以及生物的趋化性能力,都有着不可估量的干扰。被石油污染的海域,会导致个别生物种类发生丰度和分布的变化,从而改变群落种类组成。高浓度的石油会降低微型藻类的固氮能力,它们的生长受到阻碍,最终不得不面临死亡的结局。

沉降在潮间带和浅海区海底的石油,则让一些动物的幼虫和海藻的孢子失去固着基质,或者让这些动植物成体本身的固着能力降低。

如果你对"固着基质"和"固着能力"感到有些费解,想想海边或海里那些紧贴在礁石上的动植物,礁石就是"固着基质",而这些生物可以粘在礁石上的生存本领,就叫"固着能力"。

当石油渗入到一些海草,或者海边那些珍贵的红树体内,同样也是致命的。

石油污染还会改变某些经济鱼类的洄游路线,同样也会对渔网和养殖器材等造成污染。而那些沾染了油污的鱼类和贝类等海产品则很难销售,甚至干脆不能食用。这无疑给海产业带来了巨大的打击。

石油对海洋生物的毒害性,按照油种类和成分的不同,程度也有所不同。一般来说,炼制后的油的毒性要比原油高,而低分子烃要比高分子烃的毒性大。在各种烃类中,毒性从芳香烃、烯烃、环烃到链烃依次下降。

> **卡克鲁亚笔记**
>
> 石油烃对海洋生物的毒害,主要表现在破坏细胞膜的正常结构和透性,干扰生物体的酶系,影响生物体的正常生理、生化过程。例如,油污能降低浮游植物的光合作用能力,阻碍细胞的分裂和繁殖,使许多动物的胚胎和幼体发育异常,导致生长迟缓。另外,油污还能使一些动物致病,如让鱼鳃坏死、皮肤糜烂、患胃病,甚至患上癌症。

那些可怕的石油污染事件

1991年的海湾战争中,伊拉克当局为了达到阻止美英军队武力干涉的目的,竟然烧毁了大批油田,并将原油倾入海中,形成了48千米长,12千米宽的海上浮油。

真是骇人听闻。

这场战争毁掉了5 000多万吨石油,还严重污染了波斯湾水域的生态环境,同时造成了洲际规模的大气污染。

如果大自然能说话,一定会质问人类:"你们到底在折腾什么?"

谁污染了生命之水

时间太久的就不提了。1967年3月,利比里亚"托利卡尼翁"号油轮在英国锡利群岛附近海域沉没,12万吨原油倾入大海,浮油一直漂到了法国海岸。

发生在1978年的法国西部不列塔尼附近的一次油轮沉没事件,竟然又是一艘利比里亚的叫"阿莫科·加的斯"号的油轮,23万吨原油再次泄漏进了大海,沿海400多千米的区域遭到污染。

1979年6月的墨西哥湾油井井喷事件,直到1980年3月才被封住。此次井喷共泄漏原油47.6万吨,这让墨西哥湾的部分水域遭受了严重污染。

1989年3月,美国埃克森公司"瓦尔德斯"号油轮在阿拉斯加州的威廉王子湾搁浅,造成了5万吨原油泄漏,导致沿海1 300千米区域受到污染,当地的鲑鱼和鲱鱼近乎灭绝。此次事件让数十家企业破产或濒临倒闭。

世界各地的漏油事件不断发生着。

1996年2月,利比里亚油轮"海上女王"号,在英国西部威尔士

圣安角附近触礁，泄漏的14.7万吨原油让超过2.5万只水鸟丧生。

发生在2002年11月的利比里亚籍油轮"威望"号，在西班牙西北部海域解体沉没事件，让至少6.3万吨重油泄漏，又有数万只海鸟因此死亡。

2007年11月，装载4 700吨重油的俄罗斯油轮"伏尔加石油139"号，在刻赤海峡遭遇狂风时解体沉没，让3 000多吨重油漏入海中。

海上石油泄漏，不仅污染了海水，还极易引发火灾。1989年3月24日凌晨，一艘载重量21万吨的美国超级油轮在阿拉斯加附近海峡触礁后搁浅，导致近2.3亿升原油溢出。美国当局在用直升机实施激光燃烧过程中，非但没有清除溢出来的原油，反而酿成了海上火灾。

污染无小事

讲了这么多关于水的污染,也了解了水污染带给人类的危害,但这些都只不过是冰山一角而已。想想我们生命中无比重要的水,每日必须饮用的水……倘若有一天,你环顾四周,看到的都是被污染了的江河湖海,水面臭气熏天,大量水生生物的残骸漂浮在水面上……这些江河湖海,哪里还有什么生机呢?

游泳这事儿也别想了,都脏成这样了,你还敢下水吗?

而那些以水产品养殖为生的人呢?这样的水里,还能有生命存在吗?想吃鱼虾螃蟹,嘿嘿,对不起,没有了。

据统计,海洋为人类提供的食物是陆地全部耕地提供的 1 000 倍还要多。如果海洋不断受到污染,后果不堪设想。

我们姑且狭隘一点,不考虑其他,但渔民该怎么办?以水为生

的人该怎么办?倘若对水的污染持续不断,那么我们将面临没有任何水产品食用的后果。更进一步说,倘若连饮用水都没有了,再美味的大餐摆在你面前,你也没心情,甚至没力气吃了吧!

你觉得水污染究竟是不是大事呢?

水体的自净能力

污染物进入水体后,对水体造成了污染。不过只要污染物在一定的量度之内,水体本身是可以自行净化的。也就是说,水体在经过一系列物理、化学和生物的作用后,让水中污染物的浓度降低了。

这个过程就是水体的自净过程。

什么是水体的自净能力

广义上讲,水体的自净能力就是通过水中的物理、化学和生物的作用,让污染物浓度降低,让水体恢复到污染前的水平。狭义上的水体自净能力,仅仅是指水体中的微生物对污染水体的有机物进行氧化分解,让水体恢复干净状态的过程。

从总体上讲,水体的自净过程分为三个阶段。

首先,当污染物进入水体后,水体本身就开始"抓住"那些薄弱分子,也就是那些容易被氧化的有机物,对其进行化学氧化分解。对付这样的薄弱分子,几个小时就能大功告成。

接下来就是微生物登场了,那些有机污染物在微生物的作用下被氧化分解。薄弱分子被消灭之后,残存的家伙当然都是些"死硬派",消灭它们肯定是需要点时间的。不过也不需要太久,一般也就5天的时间,就可以结束战斗了。这个阶段持续的时间长短,跟水温有着很大关系。另外,就是跟"敌我双方"的"兵力"有着很大关系,也就是要看有机污染物的浓度高不高,微生物的种类以及数量多不多。

最后这个过程,就是对付含氮有机污染物了。这家伙还真是有些"难缠",所以这个过程怎么也要1个月左右。

有没有感觉水体的自净过程,看起来很像一场一场的战役呢?这就是自然的力量。

总体上来说,水体的自净过程是一个由弱到强,最后趋于恒定,让水质逐渐恢复正常水平的过程。

详解过程

当污染物侵入水中,水体便开始了不断的自净过程,让污染浓度降低,让大多数有毒污染物经过各种物理、化学,外加微生物的

谁污染了生命之水

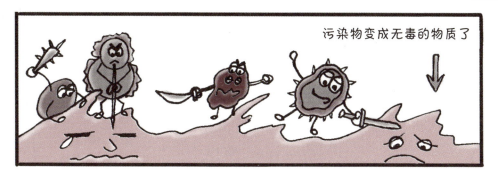

作用,逐渐转变为低毒,或者是无毒的化合物。而重金属污染物,则从原来的溶解状态转变成不溶解的化合物,或是被吸附后沉淀到水底的泥沙中。

更复杂的有机物,例如碳水化合物、脂肪和蛋白质等,则根本不是微生物的对手。它们先被降解为简单的有机物,随后进一步分解为二氧化碳和水。至于那些不稳定的污染物,水体会将它们转化为稳定的化合物,比如将氨转化为亚硝酸盐,之后再氧化为硝酸盐。

水体在自净过程开始的时候,水中的溶解氧的数量会急剧下降,直到最低点,然后又缓慢上升,逐渐恢复到正常水平。

说通俗点儿,整个水体的自净过程是这样的:

▶首先,水体本身会让那些可沉降的固体逐渐下沉,将那些悬浮物、胶体和溶解性污染物稀释混合,让浓度逐渐降低。这个过程就是物理作用,而稀释则是一项重要的物理净化过程。

▶其次,水体本身通过氧化、还原、酸碱反应,分解、化合、吸附和凝聚等一系列手法,改变污染物的形态和降低浓度。

▶最后就是"秘密武器"微生物亲自登场了。因为微生物的活动能对水中的有机物起到氧化分解的作用,这个过程就对污染物起到了降解的作用。微生物在水体的自净过程中起着非常重要的作用。

卡克鲁亚笔记

正常情况应该是这样的，有机污染物进入水体，水体里的微生物就会将这些"营养丰富"的家伙当作"美味"，从而达到迅速繁殖的目的。这时候，溶解氧就会减少。随后，纤毛虫之类的原生动物又会有选择地吃掉这些微生物，于是微生物的数量减少，而纤毛虫又被其他水生生物吃掉。

水体自净的必要因素

水体能够自净，当然要有一些必须的条件，如水体的地理、水文条件，微生物种类和数量，以及水温和复氧能力，还有水体和污染物的组成、污染物浓度等。

关于污染物的浓度和性质，不用多说，你也应该明白这个道理。当然是浓度越高，自净起来越麻烦！这就相当于敌人的数量问题。污染物的性质也好理解，就是敌军的兵种。步兵和装甲部队，你觉得哪个更厉害呢？这一点就不啰唆了，接下来说说其他方面对水的自净能力的影响。

水文条件

如果水的流速和流量较大,水中的污染物浓度被稀释和扩散得也要强和快,这当然有利于水的自净了。河流的流速和流量都会随着季节的变化而变化,所以说水体自净的能力和季节也有着一定的关系。比如,洪水季节来临,水的流量和流速都很大,这样就有利于水体的自净。相反,枯水季节的流量和流速就要小很多,这就很不利于水体的自净了。

水体中的含沙量也和水体的自净能力有一定关系。就以黄河为例,有研究发现,黄河的含沙量和含砷量成正比,这是因为泥沙颗粒对砷具有强烈的吸附作用。

此外,水的温度能直接影响水体的自净能力,因为水温可以影响污染物的化学转换速度。

其他

太阳辐射也在水体的自净中发挥了作用,有直接参与,也有间接参与。

太阳辐射能让水体中的污染物产生光转化,这就是它的直接参与。它还能引起水温的变化,促进浮游植物以及水生植物进行光合作用,这就是间接参与。

另外,太阳辐射对浅的

水体的自净作用的影响,要比对深的水体的影响大。

底质在水体的自净过程中,能起到富集某些污染物的作用。如汞,很容易被泥沙吸附,并随之沉淀到水底。

说到这儿,你是不是在猜,这"底质"到底是什么呢?

底质是水体的重要组成部分,是矿物、岩石和土壤经过自然侵蚀后形成的,还有生物活动和降解有机质等过程中产生的,就是沉积在水体底部的堆积物的统称。当然,底质是不包括那些污染物的沉积物的。

水中的微生物对污染物起着生物降解的作用,而某些水生生物对污染物还有富集的作用,这两种方式都能降低水中污染物的浓度。因此,如果水体中能分解污染物质的微生物和能富集污染物质的水生生物品种多、数量大,就是水体自净的有利条件。

收妖记——废水处理那些事

虽然水体有一定的自净能力,但是倘若有太多的污染废水排入水体,水就只能被伤害,而毫无反击能力了。

这一点儿不难理解,就好比人体对细菌和病毒都有免疫能力,但为什么人还会生病呢?原因就是当"外敌"过于强大的时候,身体里的"战士"也打不过这些"入侵者",最后"战士"失败了,人就生病了。

认识这些废水

要想治理废水,首先就让我们认识认识这些可怕的、讨厌的坏家伙吧!正所谓知己知彼,才能百战不殆。

农药废水

这个名字一点都不陌生吧!对,就是这家伙,这个品种繁多,废水水质相当复杂的家伙。

农药废水的特点是污染物的浓度比较高,毒性也很大,废水中

除了含有农药成分和中间体外,还有酚、砷、汞等有毒物质,以及许多生物难以降解的物质。

另外,农药废水还有强烈的刺激性味道——恶臭,能对人的呼吸道和黏膜造成直接刺激,而且这些废水的水质和水量也不稳定,所以农药废水对环境的污染非常严重。

处理农药废水,首先就是要降低农药废水中的污染物浓度,提高回收利用率,争取达到无害化。

处理农药废水的方法有活性炭吸附法、湿式氧化法、溶剂萃取法、蒸馏法和活性污泥法等。农药发展的最佳方向,还是要研制高效、低毒、低残留的新农药。一些国家已禁止生产六六六这类含有有机氯、有机汞的农药,并积极研究和使用微生物农药,这算是从根本上防止农药废水污染环境的途径吧!

食品工业的废水污染

食品工业的原料很广泛,制作的品种也颇为繁多,排出废水的水量和水质差异也很大。

这些废水中所含的主要污染物有漂浮的固体物质,如菜叶、果皮、碎肉和禽类的羽毛等,还有悬浮在废水中的油脂、蛋白质、淀粉、胶体物质等。另外,还有溶解在废水中的酸、碱、盐和糖类。

我们对这些东西非但不陌生,好像还很熟悉。之前,你是否想过和吃有关的产业也会对水体造成污染呢?即便你知道,大概也很少会想到吧!

这些还不是食品工业废水里隐藏的污染物的全部,还有一些原料里夹带泥沙、其他有机物,以及那些要命的致病细菌和病毒。

这些可怕的家伙的特点就是有机物质和悬浮物的含量太高,极易腐败,不过通常没有很大的毒性。主要危害则是导致排入水体的富营养化,引起水生生物死亡,让水体产生糟糕的臭味,从而造成水质下降,导致环境污染。

怎样才能处理这些家伙呢?通常的做法是生物处理,比如采用两级曝气池、两级生物滤池、多级生物转盘或联合使用两种生物处理装置,也可以采用厌氧—需氧串联的生物处理系统。

有没有觉得这里面大有打组合拳的意思呢?

造纸工业的废水处理

造纸工业的废水主要来源于生产中的制浆和抄纸两个流程。制浆其实就是把植物原料中的纤维分离出来,制成浆料,然后漂白。抄纸则是把浆料稀释,然后经过成型,再压榨烘干,这样就完成制纸的过程了。这两项工艺都会产生并排出大量的废水,其中制浆过程产生的废水的污染性最为严重。

这些之前讲过一点,还记得哪一过程产生的废水叫"黑水",哪一过程产生的废水叫"白水"吗?

如何处理这些可怕的家伙呢?

首先要从提高水的循环利用率着手,尽量减少用水量和废水排放量,同时还要努力研究各种有效且经济的办法,以达到充分利用废水中有用资源的目的。

举几个例子给你看看。

▶浮选法。可以回收白水中95%的纤维性固体物质,经过澄清的水可以被回收利用。

▶燃烧法。可以回收黑水中的氢氧化钠、硫化钠、硫酸钠,以及有机物结合的其他钠盐物质。

▶中和法。可以调节废水的pH值。

▶混凝沉淀法,这种方法可以去除废水中的悬浮固体。

▶化学沉淀法可以达到脱色的目的。

▶生物处理法对去除废水中的BOD有很不错的效果,是处理牛皮纸废水的一个不错的办法。

▶湿式氧化法在处理亚硫酸纸浆产生的废水方面,则颇有"建树"。

▶另外还有一些方法,如反渗透、超过滤以及电渗析等处理方法,它们的技术性太强,这里就不一一解释了,你只要知道,想处理这些讨厌的废水还是有办法的,就看相关单位愿不愿意花人力、时间、金钱来对付它们了。

卡克鲁亚笔记

BOD,就是英文Biochemical Oxygen Demand的缩写,也就是生化需氧量或生化耗氧量的意思,一般指的是五日生化学需氧量。它是代表着水中有机物等需氧污染物质的含量的一个综合指标,说明了水中的有机物由于微生物的生化作用进行氧化分解,让其无机化或者是气体化时,所消耗水中溶解氧的总数量。

印染工业的废水处理

印染工业在生产过程中需要大量用水。通常每印染1吨的纺织品的耗水量就可以达到100到200吨,而这其中的80%到90%将会以废水形式排出。这是一个多么可怕的数字啊!

对印染工业废水的处理方法通常是回收利用和无害化处理。

回收利用可按照水质分别进行,如对漂白煮练的废水和染色印花的废水进行分流,前者可以对流洗涤。要做到一水多用,尽可能地减少排放量。

在对碱液进行回收时,常常采用蒸发法。倘若碱液量大,可采用三效蒸发法回收。而碱液量小的话,可利用薄膜蒸发法回收。

对染料的回收,如士林染料,可以将其酸化成隐巴酸,呈现胶体微粒,悬浮在残液中,再经过沉淀后回收利用。这是一种无害化的处理方式。

无害化的处理方法,又可分为以下几种:

印染出现在七千年前的新石器时代,那时的人们用赤铁矿粉末将麻布染成红色。

▶物理处理法,如沉淀法和吸附法。

沉淀法比较好理解,就是除掉废水中的悬浮物。吸附法则主要是去除废水中溶解的污染物和脱色。

▶化学处理法有中和法、混凝法以及氧化法等。

中和法主要是调节废水中的酸碱度,同时降低废水的色度。混凝法则是去除废水中分散的染料,还有那些胶体物质。氧化法主要是氧化废水中的还原性物质,让硫化燃料和还原染料沉淀。

▶生物处理法包括活性污泥、生物转盘、生物转筒和生物接触氧化法等。

当然,为了达到更好的排污效果,通常会需要再来一套"组合拳",也就是几种方法相互配合使用。

冶金工业的废水处理

冶金工业产生废水的特点是水量大、种类多、水质相当复杂多变。

按照冶金废水的来源和特点,可分为冷却水、酸洗废水、洗涤废水——就是那些用来除尘和煤气,或者是烟气的废水。另外,还有冲渣废水、炼焦废水,以及在生产中凝结、分离或溢出的废水。

这么多"妖怪",谁来"降服"它们?

首先,还是尽可能不用水,或者少用水,以及采用无污染或少污染的工艺进行生产,如用干法熄焦和炼焦煤预热,直接从焦炉煤气脱硫脱氰。

其次，就是发展综合利用技术，如从废水废气中回收有用物质和热能，尽量减少物料和燃料的流失。

再次，根据不同水质的要求，综合平衡串流使用，改进水质的稳定性，提高水的循环再利用。有一些不错的方法可以考虑使用，如磁法处理钢铁废水。

说了这么多种类的废水，以及处理它们的办法，希望通过这些讲解，能让人们认清这些可怕的污染，想出更好的办法处理掉它们。

重金属废水的处理

通过前面讲到的关于水污染的事件，你对重金属应该有一些了解了吧！

重金属废水的来源十分广泛，矿山、冶炼、电镀、农药、医药、油漆、颜料等企业，都有可能产生含有重金属的废水。

这么多污染源头，如果不加以重视，我们的水源和我们的环境还要不要了？想想那些可怕的、要命的疾病，如果不好好治理，任由它们泛滥……

我们不做这样的设想了，还是看看有什么办法可以处理这些家伙吧！

重金属有一个顽固的特性，就是不能被分解破坏，所以只能把它们挪个地儿，或者改变它们的存在形态，才能达到除掉它们的目的。比如在废水处理的过程中,在经过化学沉淀后,将废水中的重金属从溶解的离子状态转变成难溶解的物质沉淀下来,这就可以让它们从水中转移到污泥中。再经过离子交换处理,废水中的重金属离子转移到离子交换树脂上,经过再生后,又从离子交换树脂上转移到再生废液中。

处理废水中的重金属,首先,最重要的是要从工艺上进行改进,尽量少用或者不用有毒性的重金属,毕竟只有杜绝源头,才是杜绝污染的根本。

其次,还要将生产流程进行科学化的管理和操作,尽量减少重金属随废水的流出量,也就是要减少废水的外排量。而且处理重金属要在"产地"就地解决,不要同其他废水混合,以免加大处理难度,更不应该将它们直接排入城市的下水道,这么做,轻点说是不负责任,重点说简直就是犯罪。

处理方法

重金属废水的处理方法一般可分为两种:

第一,让废水中的那些呈溶解状态的重金属转变成不溶解的金属化合物,或者是元素。然后让它们沉淀或上浮,总之就是让它们在水中现"原形",和水分离开,这样就可以把它们清除出去。

具体方法有中和沉淀法、硫化物沉淀法、上浮分离法、电解沉底或上浮法,以及隔膜电解法等。

第二,在不改变废水中的重金属的化学形态的条件下,对其进行浓缩和分离。可以应用的方法有反渗透法、电渗析法、蒸发法,以及离子交换法等。

不管哪种废水处理方法,都要根据废水的水质和水量等具体情况来决定是单独使用,还是组合使用。

有始有终谈治理

在这一章里,咱们就来看看对前面谈到过的几种污染的治理方法。当然了,在此,卡克鲁亚博士还是要不厌其烦地啰唆一下,最好的治理方法就是少产出污染物,或者不产出污染物。

我们先从前面讲过的水污染——赤潮说起,看看如何治理它。

关于赤潮的治理方法

关于赤潮的治理方法,根据各种公开报道,应该有很多种办法,如物理方法、化学方法,以及生物学方法等。

物理方法中的黏土法,是目前国际上公认的一种比较行之有效的方法。这种方法是利用黏土微粒可以对赤潮生物产生絮凝作用,来去除赤潮生物的。撒播黏土浓度达到每升1 000毫克的时候,对赤潮藻的去除率可达到65%左右。还有报道声称,这一方法在一些小型试验场所的去除率已经可以达到95%到99%,这个效果听起来相

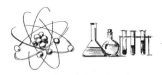

当不错了。

早在20世纪80年代,日本就在鹿儿岛海面进行过具有一定规模的撒播黏土治理赤潮的实验。1996年,韩国也曾经采用过这种方法来治理本国海域的赤潮。

说了物理法,让我们再来看看化学法。它是利用化学药剂对藻类细胞产生破坏和抑制生物活性,达到控制和消灭赤潮生物的目的,特点就是见效快。

化学法最早使用的化学药剂是硫酸铜,它很容易就能溶于水中,不过在使用的过程中很容易造成局部浓度过高,因而危害到养殖业。而且在海水波动的作用下,迁移转化得太快,这就导致药效的持久性很差,很容易引起铜的二次污染。

这个方法看来还有待改进。

目前已经应用到赤潮治理中的化学制剂有硫酸铜和缓蚀铜离子除藻剂,还有臭氧、二氧化氯,以及碘伏和异噻唑啉酮等有机除藻剂。

物理方法和化学方法都说过了,现在就来看看生物学方法是如何治理赤潮的吧。

▶第一,让鱼类控制失控的海藻类的生长。

▶第二,用高等水生植物控制水体的富营养盐,以及藻类。

▶第三,利用微生物控制海藻的生长。

这几个方法听起来蛮有趣,卡克鲁亚博士虽然不太喜欢化学制剂,但是对这样的以"自然相克"来解决问题的方式倒是很感兴趣。

这里并不是说化学制剂就一定不好,但是它总是存在着二次污染的可能性。

上面说的这三种生物学治理赤潮的方法中,微生物以它们容易繁殖的优势,让它们在控制赤潮这一污染现象中颇具"前途"。这些能消灭赤潮的小微生物,包括溶藻细菌、噬菌体、原生动物、真菌和放线菌。大多数溶藻细菌能分泌细胞外物质,对藻类起到很好的抑制和杀灭效果。所以通过对溶藻细菌的筛选,让它们成为高效、专一,还能够生物降解的杀藻物质,还真是一个值得好好儿研究的方向。

解释了一个能降解的方法,你就应该明白,为什么卡克鲁亚博士对此类方法情有独钟了吧?治理任何一种污染,都要尽量避免或者杜绝"前门赶狼后门进虎"的后果,别在将一种污染治理完的同时,又生成了新的污染。想想这其中花费的人力和物力,岂不是白忙了。

海藻是海带、紫菜、裙带菜、石花菜等海洋藻类的总称。

人类能治理海洋石油污染吗

海洋浩瀚无垠,石油污染往往都是"意外",而不是设定好时间和地点的,所以治理起来也不那么容易。

还是那句被反复说过的老话,防患于未然才是最重要的。当然,对于那些随意排放含油污水的单位,则要加大法律惩治力度,严格管制,从而控制住那些沿海的炼油厂和其他工厂将含油的污水排入大海。

对于那些航行在海洋中的油轮,则要对它们的导航和通信设备等进行改进,防止海难事故发生,避免它们在发生事故时将所载石油泄入大海。

一旦发生石油污染,可以采取围油栏的手段,将浮油阻隔包围起来,避免浮油继续扩散漂流,并利用各种机械设备对浮油尽可能地加以回收。对于那些无法回收的薄油膜,或者分散在海水中的油粒,可以用喷洒各种低毒性的化学消油剂的方法,来对其进行处理。

说起来,海洋石油的污染问题,还是个令

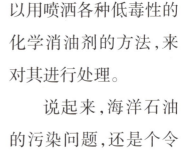

海洋是地球上最广阔的水体的总称,海洋的中心部分称作洋,边缘部分称作海。

谁污染了生命之水

人头疼的问题。就目前的技术,加上大海的特殊性,还没有可以完全消除海洋石油污染的方法,特别是在遇到气象条件恶劣的状况时,大部分石油都没有办法回收处置。

综上所述,还是要尽量避免石油污染海洋的事情发生,才是治理这种污染的根本。

变污为净的污水处理厂

污水不能直接排入河流，那么又该如何处理呢？

如果能有一个把污水变干净的地方就好了！你肯定会这么想，只要有点环保意识的人，都会这样想。

有个好消息要告诉你，还真就有这么一个地方专门负责处理废水，让这些可怕的、被污染过的水达标。

污水处理厂

污水处理厂又称污水处理站，可分为城市集中污水处理厂和各污染源分散污水处理厂两类。这里可以对那些总量和浓度过高的污染物进行处理，使其达到可以排放的标准，然后排入水体或城市管道。

污水处理厂的处理流程是通过各种常用的，或者特殊的水处理方法优化组合后形成的，包括各种物理法、化学法以及生物法，这些方法还要达到技术先进、经济合理、费用最省的标准。

从处理深度的角度看，污水处理厂对污水的处理可达到一级、二级、三级或深度处理。污水处理厂的具体设计包括各种不同处理的构筑物、附属建筑物、管道平面和设计高程,还要进行道路、绿化、管道综合、厂区给排水、污泥处置及处理系统管理自动化等设计,通过这些设计来保证污水处理厂达到处理效果稳定、运行管理方便、技术先进,以及节省投资运行费用等各项要求。

选址很重要

这里要特别说一下污水处理厂的选址问题。

首先,污水处理厂必须位于给水水源的下游。如果城镇、工业区和生活区位于河流附近,厂址必须设在河流下游,而且还要在夏季主风向的下风向,并且要和城镇、工业区、生活区,以及农村的居民点保持一定距离,还要注意不能太远,以免管道长度过长。

以污水处理厂设在河流下游这一点来说,当然是为了避免对其他地区造成污染。考虑风向,也是为了避免风将污水的味道吹向人群聚

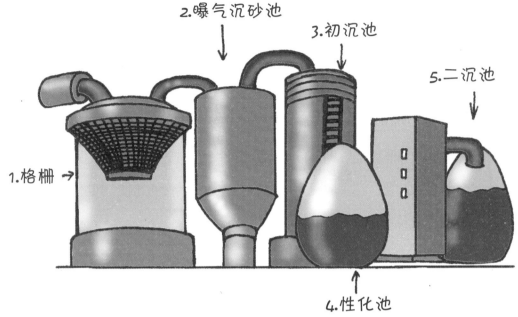

集之处。

其次,厂址应该尽可能与处理后出水的主要去向或受纳水体靠近。

再次,还要充分利用地形,选择坡度适当的地区,以满足污水处理构筑物和设备高程布置的需要,这样可以节省能源和动力。

另外还要注意尽可能少占和不占农田,并考虑到发展的可能性。

污水处理厂是如何处理污水的

污水处理厂的技术当然很重要,不仅如此,处理构筑物和设备形式的选定,也同样是污水处理厂设计的重要环节。

经过处理的水必须达到可以被水体自净的程度,另外非常重要的一点,就是要防止水体遭到污染。如果处理后的污水用于灌溉农田,水质应达到要求的标准。如果处理后的出水回用于工业企业或城市建设,就要考虑两种情况,一是直接回用,二是做某些补充处理后再行回用。

污水处理厂多是以去除生化需氧量(BOD)物质作为主要目标。

在大型污水处理厂中,多采用以沉淀为中心的一级处理和以生物处理为中心的二级处理。有时为了去除污水中的氮、磷等物质,还需要在生物处理后,对污水进行三级处理。

污水处理产物

在初级沉淀池里产生的污泥,要经过污泥处理系统。污泥处理系统是污水处理厂的组成部分,污泥需要经过需氧消化和厌氧消化两种处理方法。需氧消化多用于服务人口在5万以下的小型污水处理厂,厌氧消化则多用于大中型污水处理厂。

污泥处理的程序是这样的:先将污泥浓缩,之后对污泥进行厌氧消化,接下来是污泥干化,干了之后就可以焚烧了。

工业废水处理工艺流程的确比较复杂,需要综合考虑各方面因素,如去除的主要对象是什么、对处理出水水质的要求,还有废水的水量、水质的变化等。

污水处理系统

SPR污水处理系统是采用化学方法,让溶解状态的污染物从真

溶液状态下析出,形成具有固相界面的胶粒,或者微小的悬浮颗粒。

在此过程中,要选用高效而经济的吸附剂,将有机污染物和色度等从污水中分离出来,然后采用微观物理吸附法,将污水中的各种胶粒和悬浮颗粒凝聚成块大而密实的絮体,再利用旋流和过滤水力学等流体力学原理,在自行设计的 SPR 高浊度污水净化器内,使絮体与水快速分离。当清水经过罐体内自我形成的致密的悬浮泥层过滤之后,可达到三级处理的水准,实现出水回用。

而处理中的污泥,则在浓缩室内高度浓缩,靠压力定期排出。污泥因为含水率低,且脱水性能良好,可以直接送入机械脱水装置。经脱水后的污泥饼,可以用来制造人行道地砖,这就免除了二次污染的可能。

20 世纪 80 年代,洛杉矶市政府每年要向太平洋排放大量的污

水,严重污染了海洋的环境。美国环保局通知洛杉矶市政当局,要求他们提高污水的处理质量,否则就要禁止他们向太平洋排放废水。之后,洛杉矶市政当局投入了几亿美元,大规模地改造扩建污水处理厂。

SPR污水净化技术以其流程简单可靠、投资和运行费用低、占地少、净化效果好等众多优势,在当今世界城市污水的再利用中,必将大展宏图。城市污水实现再利用之后,也为城市提供了第二淡水水源,对城市的可持续发展来说,无论是从经济效益还是从社会效益角度,都将会产生不可估量的作用。

世界的"肚脐"——死海

如果你从来没有听说过这个名字,是不是以为这里又要讲什么黑暗故事了?怎么说着说着,把一个好好的海给说死了呢?

其实死海和死并没有关系,它是位于巴勒斯坦和约旦之间的一个内陆湖。至于它为什么叫作死海,想知道吗?那就听卡克鲁亚博士给你说说吧!

死海名字的由来

让我们来看看"主人公"的大概样貌。

死海也就是《圣经》中所说的亚拉巴海,有数个世界之最。

首先,它是世界上最低的湖泊。有多低呢?湖面的海拔是负422米。怎么样?惊到你了吧?是"负"啊!也就是说,湖面要比海平面低422米。

其次,死海还是世界上最深的咸水湖,最深的地方有395米,而湖床的海拔已经达到了负800米。

这里还是地球上盐居第三位的水体,其含盐量仅次于南极洲的唐胡安池和吉布提的阿萨勒湖。

就因为死海的湖面太低,所以它就得了个绰号——世界的"肚脐"。

死海的湖水和湖岸都富含盐分,所以这里的水除了一些细菌和绿藻,是没有鱼类和其他水生生物的,不仅如此,就连岸边和周围地区,也没有植物生长,所以人们就把这里称之为死海。

至于这个名字的历史嘛,还真是挺长的。《旧约圣经》中就有关于它的记载:自从希伯来人的祖先亚伯拉罕时代和索多玛与蛾摩拉两座城市毁灭以来,死海就一直同《圣经》的历史联系在一起。死海的干涸河流先后为以色列国王戴维和犹太国王希律一世大帝提供了避难场所。

卡克鲁亚笔记

死海中含有盐分的浓度极高,是一般海水的8.6倍,导致水中极少有生物存活,甚至连沿岸的陆地上也很少有生物,这也是人们给它起名叫死海的原因之一。因为死海被陆地环绕,没有同其他河流和海洋相连,所以死海没有潮起潮落。

死海奇迹——生物

尽管对于生物而言,死海的生存条件极其微弱,但这里还真的就有生命存在。

在有洪水的时候,约旦河以及一些暴涨的溪流会将一些鱼虾冲入死海,这些可怜的家伙一旦进入了死海,就真的死掉了。所以我们要说的死海生物肯定不是它们。

据美国和以色列的科学家研究证实,死海虽然咸得令许多生物难以生存,但是在如此咸的水中,竟然真的有几种细菌和一种海藻生存。

你是不是要惊呼了,究竟是什么细菌能在这里生活呢?难不成是"腌菌"?

虽然不是"腌菌",但还真是"盐菌",因为这种细菌就叫作盒状嗜盐细菌。它们之所以能在这里存活,是因为自身有防止被盐侵害的独特的蛋白质。

有一点你可能不知道,通常情况下,蛋白质是必须置身于溶液中的,如果离开溶液就会发生沉淀,也就是形成机能失调的沉淀物,所以高浓度的盐分能对多数蛋白质产生脱水效应。然而这种叫作盒状嗜盐细菌的小家伙所具有的蛋白质,在高浓度的盐分下却不会脱水,所以就可以在"盐"里活着了。

这种神奇的嗜盐细菌蛋白,又叫铁氧化还原蛋白。一些科学家运用 X 射线晶体学原理,发现了盒状嗜盐细菌的分子结构。研究发现,这种奇异的蛋白呈现出咖啡杯的形状,而咖啡杯把儿上所带有的负电的氨基酸结构单元,对另一端带负电的水分子具有特殊的吸引力。就是这么个"小装置",让这些小家伙可以从盐分超高的死海海水中夺走水分子,让蛋白质始终舒服地待在溶液里。

它们非但没有被"齁死人"的死海水夺走水分,反而还能从中将水分据为己有,这就是它们在死海中生存下来的原因。

除此之外,人们还在死海中发现了一种单细胞藻类。这么看来,死海里还挺热闹的嘛,虽然用肉眼看见的可能性不大。

卡克鲁亚笔记

科学家们认为,揭开有生物存活的原因于死海这个谜团有着很大的意义。深入研究后,有望将这些小细菌体内的蛋白质移植给那些不耐盐的生物,这样在淡水缺乏的情况下,就可以让这些生物在海水里继续生存了。

淹不死人的死海

第一次听到死海这个名字的时候,你是不是首先想到的就是:这是一个危险的地方!这又是"海",又是"死"的,这里不知道吞噬了多少人的生命呢!

事实上,死海根本不可能淹死人。原因很简单,因为这里的盐分含量实在太高了,人下去就会浮在水面上。

无论大家会不会游泳,都能浮在水面上,还有很多人专门跑来"泡死海"。因为死海里的水不仅盐分高,还富含矿物质,经常在这里浸泡,能治疗关节炎、风湿等慢性疾病。所以每年都会有众多游客前来休假疗养。

谁污染了生命之水

既然死海里富含矿物质,那么死海里的黑泥自然也成了抢手货,这样的黑泥是人体绝好的美容护肤品。你还别笑,这千真万确,以色列和约旦两国还把这黑泥当国宝出口呢!

这里的阳光也是一绝,几乎每天都是阳光灿烂。因为该地区处于海平面以下,所以阳光要穿过厚厚的大气层,这就把更多的紫外线挡在了外面,所以在这里晒太阳,就不必担心被紫外线伤害了。

这里因为缺少植物,气候干燥,所以有过敏症状的人不必担心花粉的困扰。

这里是地球上气压最高的地方,所以空气中含有大量的氧,在这里呼吸会令人感觉异常轻松自在。

还有什么好处呢?哦,对了,有一件事值得提一下,那就是在众多矿物质中,有一种叫作溴的东西,对人体有着镇静的疗效。不知道你在一些老电影中是否看到,每当有人因为过分激动而晕倒之后,医生或者其他人总会掏出一个小瓶子,打开盖子放在晕倒者的鼻子下面,让晕倒者闻闻。那个小瓶子里装的东西就是溴盐,是让人镇静时用的。

卡克鲁亚笔记

死海令大部分动植物在此无法生存,但它却能让不会游泳的人在海中游泳。这是因为死海中的水的比重是1.17~1.227,而人体的比重只有1.02~1.097,水的比重超过了人体的比重,所以人就不会沉下去。如果你到了死海,会看见很多不可思议的画面,如游客们悠闲地仰卧在海面上,一只手拿着遮阳的彩色伞,另一只手拿着一本书在悠闲地阅读,而他们就那么漂浮在水面上。

死海有趣,下者谨慎

说了这么多,你肯定觉得死海真是个好玩的地方,有朝一日你如果去了死海,一定会激动地一头扎进水里。

警告你,千万不要这么做!尽管死海不可能淹死人,但是别忘了,它可是超级咸啊!如果你如此鲁莽地一头扎进去,很容易让高浓度的盐水进入到眼睛里,这可是不得了的事情。虽然不要命,但是会异常难受。

即便你不是一头扎进去的,进入死海里后,也不要随心所欲地瞎扑腾,小心水花溅入你的眼睛里。

一般情况下,有经验的人都会准备一瓶淡水放在岸边,一旦不小心让死海的水溅入眼睛里,赶紧冲洗。另外还要注意不要被这里的水呛到,如此高的盐度,喝一口,你的胃就会难受好几天。

另外,在死海的岸边有很多坚硬带刺的结晶体,特别容易划伤皮肤。倘若身上破了一个平时根本注意不到的小伤口,一旦进入海水,嘿嘿,马上就会体会到什么叫"在伤口上撒盐"了。

尽管身上的小伤口浸入死海里会很疼,但是被死海水泡过的伤口却愈合得非常快。因为盐本身就有消毒作用,而且那里面还有许多矿物质,可以帮助伤口恢复。

死海岸边大部分都是颗粒较大的鹅卵石,如果光脚走在上面,也是一种不小的考验哦!

为水而战

因为水,两个相邻的村庄可能发生械斗;因为水,两个相邻的国家可能发生战争。水是生命之源,这话真的不仅仅是一句口号。

埃及前总统萨达特曾经说过一句话:"唯一能把埃及拖入战火的就是水。"

萨达特其人

为什么萨达特会莫名其妙地说这么一句话呢?这就要从尼罗河和埃及的关系说起。虽然埃及97%的淡水都来自尼罗河,但是尼罗河流量的95%却来源于几个国家——苏丹、埃塞俄比亚、肯尼亚、布隆迪、乌干达,还有坦桑尼亚和扎伊尔。

那么问题来了,它们在上游,为了发展经济当然拥有"优先使用权"。因为担心上游的开发过多地截流,所以这个埃及前总统才说了这么一句话。

当然,这也是因为埃及的军事实力远比这几个国家强大,所以才能这么放话。

这个萨达特到底是何许人物,说话能这么硬气?

话说这个萨达特,还真不是个一般人物,年轻的时候,他因参加反英活动,曾经两次被捕入狱。在1952年,他参加了纳赛尔领导的推翻法鲁克王朝的七月革命。1970年当上埃及总统之后,萨达特采取了一系列在外界看来颇为强硬的外交手段,比如摆脱苏联对埃及的控制、领导第四次中东战争,以及后来同以色列的和谈。

这个曾经与苏联有着千丝万缕的联系的国家,竟然敢做出驱逐苏联专家和军事顾问这样的惊人之举,萨达特的魄力可见一斑。

做出如此之举,的确需要非凡的魄力,同时,苏联之前在埃及领土上建立起来的设施和军事设备,当然也归埃及所有。

苏联是什么样,或者有多大,你可能并不是那么清楚,但是你可以看看现在俄罗斯的版图。要知道,解体前的苏联可是包括俄罗斯以及乌克兰等国家,不说军事力量,仅仅看版图,就知道与苏联相比埃及真是太小了。

1973年,萨达特下令埃及军队渡过苏伊士运河,和叙利亚携手,对以色列的巴列夫防线发起进攻,这就是第四次中东战争。

不过萨达特最大的惊人之举,却是在1977年11月亲自前往耶路撒冷,和当时的以色列总理贝京见面。之后,在1980年,正式和以色列建交,结束了两国长达30年之久的战争状态。

如果说发动战争需要魄力,那么达成和平则需要更了不起的

勇气!

鉴于萨达特对中东和平做出的努力,诺贝尔奖委员会将1978年的诺贝尔和平奖颁给了他。然而或许是他的这些举动惹怒了一些人,在1981年10月6日举行的庆祝战争胜利8周年的阅兵仪式上,这位为和平做出贡献的萨达特,竟然被刺杀了。

由此可见,想得到和平,并不是一件容易的事。

据说他知道可能有人要刺杀他,但却拒绝穿防弹衣,而且在阅兵仪式上,原本有一名警卫坐在他的前面,但是他觉得这个警卫挡住了视线,就把这个警卫撤下去了。

一场以水为由的战争

1967年6月5日,以色列几乎出动了所有空军部队,对阿拉伯

卡克鲁亚笔记

苏伊士运河地处埃及的西奈半岛西侧,横跨苏伊士地峡,全程长约173千米。它连接了欧洲和亚洲的南北双向水运,因不必再绕行非洲南端,而大大缩短了东西方之间的航程。苏伊士运河虽然位于埃及,但是直到埃及独立后,英国依旧保持在此的驻兵权。直到1956年,以纳赛尔为首的埃及人民为了维护国家主权,宣布将运河收归国有。

国家的 25 个空军基地进行袭击,拉开了第三次中东战争的序幕。

中东因为历史、宗教等原因,国家之间充满了矛盾,的确是个经常发生战争的地方。但是这次战争爆发的直接原因却和水有关,至少有这样的爆发因素存在。

在第二次中东战争后,当时"冷战"的两大代表——美国和苏联也都各自"站队",苏联出资支持阿拉伯国家,而美国当然就是支持以色列了。

埃及和叙利亚在 1958 年合并为阿拉伯联合共和国,尽管这个共和国在 1961 年取消了,但当时却对以色列形成了南北夹击的事态。而到了 1964 年,阿拉伯国家联合起来,计划改变约旦河上游的流向,这么一来,地处下游的以色列就失去了约旦河。以色列当然不肯答应,就于同年的 11 月份动用空军,对约旦河上游阿拉伯国家正在进行的工程实施了轰炸,让对方不得不取消了这个计划。

那个时候,巴勒斯坦解放组织成立,和以色列形成了抗衡。作为阿拉伯人的组织,当然得到了周边阿拉伯国家的支持,在这么一个小地方,有着两种不同主张的势力,这让中东局势愈加紧张。

战火

1967 年的 6 月 5 日是一个星期一。埃及时间早上 8 点 45 分,晨雾刚刚散去,埃及的空军基地上空突然出现了大批以色列战斗

机。瞬间,原本只是寻常的一天,变成了一场战争的开始。由于事发突然,埃及空军完全措手不及,大批飞机还没起飞,就已经被炸成了碎片。

这还真应了那句老话——兵者,诡道也。

以色列袭击了埃及的多个机场后,又对约旦、伊拉克和叙利亚等国的空军基地进行了空袭。它在一口气完成了对阿拉伯等国的25个基地的进攻之后,在下午的五点一刻到六点,又对开罗国际机场和另一个空军基地再次发起了攻击。

仅仅60个小时的时间,阿拉伯国家就有451架飞机被击毁,其中埃及损失最为惨重,达336架,损失了95%的作战飞机,这让埃及的空军陷入了瘫痪状态。而以色列在整个过程中,却只损失了26架飞机。

以色列在偷袭的日期上也是做足了文章,因为在之前的战争中,成功的偷袭多选择在星期六,或者星期天。而以色列的这次偷袭就反其道而行之,偏偏选在了星期一。

在进攻的时候,以色列的飞行员都是先攻击跑道,然后再打飞机。这就是说,即便飞机没事,也没办法起飞参战了,等于是先断了"后路"。当然了,这么多飞机出动,要想躲避雷达,肯定也在飞行上运用了不少技巧。

在空袭进行了半小时后,以色列的地面部队就有5个师在坦克装甲车的引导下,向西奈半岛发起了大举进攻。埃及军队虽然进行了顽强的抵抗,但是因为空军遭到偷袭,没办法进行支援,最后还是失败了,于是埃及军队不得不封锁了苏伊士运河。到了8日的时候,以色列军队全歼了埃及在西奈半岛上的5个师。仅仅才过去3天,西奈半岛就全部陷落了。

此后,以色列又发动了对约旦河西岸的进攻,包括3个装甲旅的共9个旅的兵力,向着约旦河西岸约旦军队的8个步兵旅,以及2个装甲旅发起了分为两个阶段的进攻。

以色列先是占领了杰宁地区,解除约旦炮火对以色列戴维居民点和空军基地构成的威胁,然后攻占特伦到拉马拉的公路,随后又占领包括耶路撒冷旧城在内的整个约旦河西岸地区。

这场战争在联合国安理会"立即实现停火"和"限期停火"的决议声中,终于在8日,以色列同意停火,可是9日,战事再次发动,矛头直指戈兰高地。

戈兰高地是一个海拔600到1 000米,位于叙利亚西南边境内的一个狭长山地地带。北起谢克山,南到亚穆克河,总长有60千米,中部最宽的地方也只有大约2千米,总面积也就1万多平方千米。

虽然地方不大,但这里确是兵家必争之地。直到11日,叙利亚和以色列才签署了停火协议。

中东是一个极度缺水的地方,最后一次中东战争就是以色列和叙利亚之间的战争。以方的代号就是"为了加利利的和平"。加利利是这个地区的一个大湖,是以色列的水之命脉。不管战争有多少因素在其中,水,永远是可以让人类为之争夺的重要目标。